中国通信学会普及与教育工作委员会推荐教材

通信技术精品系列教材

浙江省普通高校"十三五"新形态教材

通信工程制图

微课版

刘雪春 应力强 吕莹吉◎主编

U0300397

人民邮电出版社

北京

图书在版编目（CIP）数据

通信工程制图：微课版 / 刘雪春，应力强，吕莹吉
主编. -- 北京：人民邮电出版社，2022.8（2024.1重印）
通信技术精品系列教材
ISBN 978-7-115-59570-6

Ⅰ. ①通… Ⅱ. ①刘… ②应… ③吕… Ⅲ. ①通信工
程－工程制图－教材 Ⅳ. ①TN91

中国版本图书馆CIP数据核字（2022）第113263号

内 容 提 要

本书采用项目化编排，结合实际工程案例，项目内容由易到难，便于读者理解和掌握。全书共10个项目，每个项目分为【项目概述】【课前导读】【技能目标】【素养目标】【教学建议】【知识准备】【项目实施】和【技能训练】8个部分，其中【知识准备】【项目实施】和【技能训练】分别对应课前、课中和课后，【知识准备】和【项目实施】中的教学内容均有对应的教学视频，方便院校选择采用全线上、全线下或线上线下结合的教学模式。

本书可作为本科或高职高专院校通信工程类专业的教材，也可作为从事通信工程勘测、设计等方面工作的工程技术人员的参考用书和培训教材。

◆ 主　编　刘雪春　应力强　吕莹吉
　　责任编辑　鹿　征
　　责任印制　王　郁　焦志炜

◆ 人民邮电出版社出版发行　　北京市丰台区成寿寺路11号
　　邮编　100164　电子邮件　315@ptpress.com.cn
　　网址　https://www.ptpress.com.cn
　　山东华立印务有限公司印刷

◆ 开本：787×1092　1/16
　　印张：11.5　　　　　　　　　　2022年8月第1版
　　字数：247千字　　　　　　　　2024年1月山东第4次印刷

定价：49.80 元

读者服务热线：(010)81055256　印装质量热线：(010)81055316
反盗版热线：(010)81055315
广告经营许可证：京东市监广登字 20170147 号

前　言 FOREWORD

　　本书是一本校企合作编写的双元教材，也是一本新形态教材。本书作为通信工程类专业的通用教材，积极贯彻落实党的"二十大"精神，推进学校教育改革创新，以立德树人为根本任务，以为党育人、为国育才为根本目标，以培养具有爱岗敬业的高素质、与企业无缝衔接的高技能型人才为目的，结合课程组成员多年的教学经验、教学改革成果和实际工程经验，运用现代化信息技术编写而成。

　　本书是第三批浙江省精品在线开放课程建设项目和浙江省普通高校"十三五"新形态教材建设项目成果，在课程结构和教学内容编排上进行了有意义的探索和改革创新，并在实际教学中多次实践。全书根据实际通信工程图纸的元素，将课程内容以项目化思路进行编排。全书共 10 个项目，分别是项目 1 通信工程图纸识读、项目 2 通信工程制图软件基本操作、项目 3 图框的绘制及图纸输出设置、项目 4 指北针的绘制、项目 5 图衔的绘制、项目 6 工程量列表的绘制、项目 7 机房平面图的绘制、项目 8 移动基站工程制图、项目 9 室内分布工程制图、项目 10 通信线路工程制图。这 10 个项目从简到难，结构编排合理。前 7 个项目是通信工程制图的基本知识，项目 8～项目 10 分别针对移动基站、室内分布和通信线路 3 个不同工程的图纸进行介绍并讲解绘图技巧，项目案例均来自企业实际工程。在教学过程中，教师可根据不同的专业适当取舍，选择专业相关度大的项目着重讲解。

　　本书的编写方式方便学校采用全线上、全线下和线上线下结合的教学模式。每个项目均包含【项目概述】【课前导读】【技能目标】【素养目标】【教学建议】【知识准备】【项目实施】和【技能训练】8 个部分，其中【知识准备】和【项目实施】中的教学内容均有对应的教学视频，可供学生预习、学习和复习，也可为教师教学提供参考。如采用线上线下结合的教学模式，则【知识准备】【项目实施】和【技能训练】分别对应课前、课中和课后。其中课前的【知识准备】内容可线上教学，课后的【技能训练】内容可线上完成和批阅。本课程组成员多年的线上线下教学实践得到了教师和学生的好评，教学效果非常好。

　　通信工程设计中的图纸普遍采用 AutoCAD 来绘制。AutoCAD 版本多、更新快，因此本书讲解软件操作时强调使用快捷键来启动命令，针对具体的软件版本内容较少，适

I

用于不同软件版本的教学和学习，通用性较强。本书教学建议为 4～6 课时/周，总课时为 64～108 学时。

本书由浙江邮电职业技术学院"通信工程制图"课程组成员刘雪春、应力强、吕莹吉（企业兼职教师）等共同编写。

由于编者水平有限，对书中存在的不足或不当之处，敬请专家、同仁和广大读者指正。

编　者

2023 年 7 月

目 录 CONTENTS

I

CAD 常用快捷键命令

1. 绘图命令

PO：*POINT（点）

L：*LINE（直线）

XL：*XLINE（射线）

PL：*PLINE（多段线）

ML：*MLINE（多线）

SPL：*SPLINE（样条曲线）

POL：*POLYGON（正多边形）

REC：*RECTANGLE（矩形）

C：*CIRCLE（圆）

A：*ARC（圆弧）

DO：*DONUT（圆环）

EL：*ELLIPSE（椭圆）

REG：*REGION（面域）

T/MT：*MTEXT（多行文本）

B：*BLOCK（块定义）

I：*INSERT（插入块）

W：*WBLOCK（写块）

DIV：*DIVIDE（等分）

ME：*MEASURE（定距等分）

H：*BHATCH（填充）

2. 修改命令

CO：*COPY（复制）

MI：*MIRROR（镜像）

AR：*ARRAY（阵列）

O：*OFFSET（偏移）

RO：*ROTATE（旋转）

M：*MOVE（移动）

E：*ERASE 或 DEL 键（删除）

X：*EXPLODE（分解）

TR：*TRIM（修剪）

EX：*EXTEND（延伸）

S：*STRETCH（拉伸）

SC：*SCALE（比例缩放）

BR：*BREAK（打断）

CHA：*CHAMFER（倒角）

F：*FILLET（倒圆角）

PE：*PEDIT（多段线编辑）

ED：*DDEDIT（修改文本）

MA：*MATCHPROP（特性匹配/格式刷）

3. 视窗缩放

P：*PAN（平移）

Z + 空格 + 空格：*实时缩放

Z：*局部放大

RE：*REDRAW（重新生成）

Z+P：*返回上一视图

Z + E：*显示全图

Z+W：*显示框选部分

4. 尺寸标注

D：*DIMSTYLE（标注样式）

ED：*DDEDIT（编辑标注文字）

DLI：*DIMLINEAR（线性标注）

DAL：*DIMALIGNED（对齐标注）

DBA：*DIMBASELINE（基线标注）

DCO：*DIMCONTINUE（连续标注）

DRA：*DIMRADIUS（半径标注）

DDI：*DIMDIAMETER（直径标注）

DAN：*DIMANGULAR（角度标注）

DCE：*DIMCENTER（中心标注）

DOR：*DIMORDINATE（点标注）

LE：*QLEADER（快速引出标注）

5. 对象特性

CH：MO*PROPERTIES（修改特性）

ST：*STYLE（文字样式）

LA：*LAYER（图层）

LT：*LINETYPE（线形）

LTS：*LTSCALE（线形比例）

LW：*LWEIGHT（线宽）

UN：*UNITS（图形单位）

ATT：*ATTDEF（属性定义）

ATE：*ATTEDIT（编辑属性）

AL：*ALIGN（对齐）

PRINT：*PLOT（打印）

PRE：*PREVIEW（打印预览）

EXP：*EXPORT（输出其他格式文件）

IMP：*IMPORT（输入文件）

OP：*OPTIONS（自定义 CAD 设置）

SN：*SNAP（捕捉栅格）

DS：*DSETTINGS（设置极轴追踪）

OS：*OSNAP（设置捕捉模式）

TO：*TOOLBAR（工具栏）

V：*VIEW（命名视图）

AA：*AREA（面积）

DI：*DIST（距离）

LI：*LIST（显示图形数据信息）

EXIT：*QUIT（退出）

6. 常用 CTRL 快捷键

Ctrl + 1：*PROPERTIES（修改特性）

Ctrl + 2：*ADCENTER（设计中心）

Ctrl + O：*OPEN（打开文件）

Ctrl + N 或 M ：*NEW（新建文件）

Ctrl + P ：*PRINT（打印文件）

Ctrl + S ：*SAVE（保存文件）

Ctrl+Shift+S：*SAVE AS（文件另存为）

Ctrl + Z：*UNDO（放弃）

Ctrl + X：*CUTCLIP（剪切）

Ctrl + C：*COPYCLIP（复制）

Ctrl + V：*PASTECLIP（粘贴）

Ctrl + B：*SNAP（栅格捕捉）

Ctrl + F：*OSNAP（对象捕捉）

Ctrl + G：*GRID（栅格）

Ctrl + L：*ORTHO（正交）

Ctrl + 8：*ORTHO（正交）

Ctrl + U：*（极轴）

7. 常用功能键

F1：*HELP（帮助）

F2：*（文本窗口）

F3：*OSNAP（对象捕捉）

F7：*GRIP（栅格）

F8：*正交

01 项目1 通信工程图纸识读

【项目概述】

通信工程制图是在对施工现场仔细勘察和认真搜索资料的基础上，通过图形符号、文字符号、文字说明及标注来表达工程的具体性质的图纸。工程施工技术人员通过阅读图纸就能够了解工程规模、工程内容，统计出工程量及编制工程概预算文件。通信工程图纸是通信工程设计的重要组成部分，是指导施工的主要依据。通信工程图纸里面包含路由信息、设备配置安放情况、技术数据、主要说明等内容。只有绘制出准确的通信工程图纸，才能对通信工程施工进行正确的指

导。因此，通信工程技术人员必须掌握通信工程制图的方法。

为了使通信工程图纸规格统一、画法一致、图面清晰，符合施工、存档和生产维护要求，提高设计效率、保证设计质量和适应通信工程建设的需要，必须严格依据通信工程制图的相关规范文件进行制图。本项目主要介绍中华人民共和国通信行业标准 YD/T 5015—2015《通信工程制图与图形符号规定》(后文简称《通信工程制图与图形符号规定》)中通信工程制图的总体要求和统一规定、通信工程中各类图例的含义，并结合实际工程项目案例进行通信工程图纸识读分析。

【课前导读】

没有规矩，不成方圆。所谓规矩，就是规章制度、规范条例。通信行业的设计、基建等都有相应的规范和标准，本项目中的中华人民共和国通信行业标准 YD/T 5015—2015《通信工程制图与图形符号规定》就是通信工程项

目设计的主要标准。技术人员在制图时一定要严格按照该标准中的要求进行，养成采用和实施标准的良好行为规范，遵守行业规范和标准。

在企业中，不论是普通职员还是高级管理人员，都必须时刻遵守规范条例。只有这样，企业才能高效率、高质量运转，否则企业就无法长久发展下去。

作为企业或团队中的一员，认真遵守规范和纪律是非常重要的。任何一个竞争力强、蓬勃向上的集体或企业都具有明确的规则，以及能够高标准执行规则的团队。

华为公司为员工制定了员工守则、人事管理制度等行为规范，其中明确规定华为员工要对工作尽职尽责、相互团结协作、努力学习并提高创新能力、积极沟通并报告工作等内容。这些内容在华为公司的日常运行中得到了出色贯彻和落实，帮助华为公司及其员工迅速进步，在众多优秀的公司中脱颖而出。

员工遵守规范对一个企业的发展起着至关重要的作用。作为一名企业员工，必须积极主动地学习并遵守公司的行为规范，决不能忽视它们。

【技能目标】

1. 理解和掌握通信工程制图的总体要求和统一规定。
2. 掌握通信工程制图中的常用图例及含义。
3. 能运用所学的通信工程图例，正确进行实际项目工程图纸的识读。
4. 具备将通信工程制图的要求与规定运用于设计图纸绘制中的意识。

【素养目标】

1. 培养遵守行业规范标准的意识。
2. 培养遵守企业规章制度的意识。
3. 培养采用和实施标准的良好行为规范。

【教学建议】

项目	任务	子任务	内容介绍	学习方式	建议学时	重难点
项目1 通信工程图纸识读	知识准备（课前）	1.1 总则	通信行业标准 YD/T5015-2015	线上	2	
		1.2 通信工程制图的总体要求	通信工程制图的整体要求			
		1.3 通信工程制图的统一规定	1. 通信工程制图的统一规定：图幅、线型、比例 2. 通信工程制图的统一规定：尺寸标注、字体、图衔、标注	线上	2	重点

续表

项目	任务	子任务	内容介绍	学习方式	建议学时	重难点
项目 1 通信工程 制图要求及 图纸识读	知识准备 （课前）	1.4 图形 符号的使用	图例及派生符号规律	线上	2	
		1.5 认识 常用图例	《通信工程制图与图形符号规定》（YD/T 5015—2015）文件（见附录）			
	项目实施 （课中）	通信工程图纸 识读	1. 基站工程图纸的识读 2. 通信线路图纸的识读 3. 室分工程图纸的识读	线下	2	重难点
	技能训练（课后）		1. 图例的认识 2. 通信工程图纸的识读	作业		

【知识准备】

1.1 《通信工程制图与图形符号规定》总则

《通信工程制图与图形符号规定》中有以下两条总则。

（1）本规定适用于通信工程建设设计、施工、存档和生产维护绘制图纸的需求，重点要求绘制图纸规格统一、画法一致、图面清晰，并且提高制图效率，保证制图质量。

（2）本规定由通信工程制图统一的规定和图形符号两部分组成。通信工程制图统一规定中未明确的问题，应按国家标准的要求执行。本规定中未规定的图形符号，可使用国家标准中有关的符号，或按国家标准的规定派生新的符号。

1.2 通信工程制图的总体要求

（1）工程制图应根据表述对象的性质、论述的目的与内容，选取适宜的图纸及表达方式，完整地表述主题内容。

（2）图面应布局合理，排列均匀，轮廓清晰且便于识别。

（3）图纸中应选用合适的图线宽度，图中的线条不宜过粗或过细。

（4）应正确使用国家标准和行业标准规定的图形符号。派生新的符号时，应符合国家标准符号的派生规律，并应在合适的地方加以说明。

（5）在保证图面布局紧凑和使用方便的前提下，应选择合适的图纸幅面，使原图大小适中。

（6）应准确地按规定标注各种必要的技术数据和注释，并按规定进行书写或打印。

（7）工程图纸应按规定设置图衔，相关责任人应按规定的责任范围签字，各种图纸应按规定顺序编号。

视频资源

1-1 通信工程 制图的总体要求

1.3 通信工程制图的统一规定

1. 图幅尺寸

（1）工程图纸幅面和图框大小应符合国家标准 GB/T 6988.1—2008《电气技术用文件的编制 第 1 部分：规则》的规定，应采用 A0、A1、A2、A3、A4 及 A3、A4 加长的图纸幅面。当上述幅面不能满足要求时，可按照 GB 14689—2018《技术制图图纸幅面和格式》的规定加大幅面；也可在不影响整体视图效果的情况下分割成若干张图绘制。

视频资源

1-2 统一规定：
图幅尺寸

（2）应根据表述对象的规模大小、复杂程度、所要表达的详细程度、有无图衔及注释的数量来选择较小的合适幅面。

说明

常用图纸幅面尺寸如表 1-1 所示。在实际通信工程设计中，多数采用 A4 图纸幅面。A4 纸张尺寸为 210mm×297mm。在工程制图时，需要在图纸中画一个加粗的边框，称为绘图画框：装订侧留 20mm，非装订侧留 10mm。（AutoCAD 制图中，尺寸单位如未说明，均为 mm，其他单位需注明。）

表 1-1 常用图纸幅面尺寸

幅面代号	A0	A1	A2	A3	A4
纸张尺寸（mm）	841×1189	594×841	420×594	297×420	210×297

当需要较长图纸时，应采用表 1-2 所规定的幅面尺寸。按照 GB/T 14689—2008《技术制图图纸幅面和格式》的规定，A0、A2、A4 幅面的加长量应按 A0 幅面长边的 1/8 的倍数增加；A1、A3 幅面的加长量应按 A0 幅面短边的 1/4 的倍数增加；A0 及 A1 幅面也允许同时加长两边。

表 1-2 加长图纸幅面尺寸

幅面代号	A3×3	A3×4	A4×3	A4×4	A4×5
纸张尺寸（mm）	420×891	420×1189	297×630	297×841	297×1051

视频资源

1-3 统一规定：
线型及比例

2. 线型及应用

（1）线型分类及用途应符合表 1-3 的规定。

表 1-3 线型分类及用途

图线名称	图线形式	一般用途
实线	———————	基本线条：图纸主要内容用线、可见轮廓线
虚线	- - - - - - -	辅助线条：屏蔽线、机械连接线、不可见轮廓线、计划扩展内容用线
点划线	—·—·—·—·—	图框线：表示分界线、结构图框线、功能图框线、分级图框线
双点划线	—··—··—··—	辅助图框线：表示更多的功能组合或从某种图框中区分不属于它的功能部件

（2）线宽种类不宜过多，通常宜选用两种宽度的图线。粗线的宽度宜为细线宽度的两倍，主要图线采用粗线，次要图线采用细线。对复杂的图纸也可采用粗、中、细 3 种线宽，线的宽度按 2 的倍数依次递增。图线宽度应从以下系列中选用：0.25mm，0.5mm，1.0mm；0.35mm，0.7mm，1.4mm。

（3）使用图线绘图时，应使图形的比例和所选线宽协调恰当，重点突出，主次分明。在同一张图纸上，按不同比例绘制的图样及同类图形的图线粗细应保持一致。

（4）应使用细实线作为最常用的线条。在以细实线为主的图纸上，粗实线应主要用于图纸的图框及需要突出的部分。指引线、尺寸标注线应使用细实线。

（5）当需要区分新安装的设备时，宜用粗线表示新建设施，细线表示原有设施，虚线表示规划预留部分，原机架内扩容部分宜用粗线表示。

（6）平行线之间的最小间距不宜小于粗线宽度的两倍，且不得小于 0.7mm。

说明　　在使用线型及线宽表示用途有困难时，可以使用不同颜色的线条加以区分。

3. 比例

（1）对于平面布置图、管道及光（电）缆线路图、设备加固图及零部件加工图等图纸，应按比例绘制；方案示意图、系统图、原理图、图形图例等可不按比例绘制，但应按工作顺序、线路走向、信息流向排列。

（2）对于平面布置图、管道及线路图和区域规划性质的图纸，宜采用以下比例：1：10，1：20，1：50，1：100，1：200，1：500，1：1000，1：2000，1：5000，1：10000，1：50000 等。

（3）对于设备加固图及零部件加工图等图纸宜采用以下比例：2：1，1：1，1：2，1：4，1：10 等。

（4）应根据图纸表达的内容深度和选用的图幅，选择适合的比例。对于通信线路及管道类的图纸，为了更方便地表达周围环境情况，可采用沿线路方向按一种比例、周围环境的横向距离采用另外的比例的方式，或示意性绘制。

4. 尺寸标注

（1）一个完整的尺寸标注应由尺寸数字、尺寸界线、尺寸线及其终端等组成，如图 1-1 所示。

视频资源

1-4　统一规定：
尺寸标注

图 1-1　尺寸标注的组成

（2）图中的尺寸数字，应注写在尺寸线的上方或左侧，也可注写在尺寸线的中断处，同一张图样上的标注法应一致。具体标注应符合以下要求。

尺寸数字应顺着尺寸线方向书写并符合视图方向，数字的标注方向与尺寸线垂直，并不得被任何图线通过。当无法避免时，应将图线断开，在断开处填写数字。对有角度（非水平方向）的图线，其数字可顺尺寸线标注在尺寸线的中断处，数字的标注方向与尺寸线垂直，且字头朝向斜上方。对垂直水平方向的图线，其数字可顺尺寸线标注在尺寸线的中断处，数字的标注方向与尺寸线垂直，且字头朝向左。

尺寸数字的单位除标高、总平面和管线长度应以米（m）为单位外，其他尺寸均应以毫米（mm）为单位。按此原则，标注尺寸可为不加单位的文字符号。若采用其他单位，应在尺寸数字后加注计量单位的文字符号。在同一张图纸中，不宜采用两种计量单位混用的方式标注。

（3）尺寸界线应用细实线绘制，且宜由图形的轮廓线、轴线或对称中心线引出，也可将轮廓线、轴线或对称中心线作为尺寸界线。尺寸界线应与尺寸线垂直。

（4）尺寸线的终端可采用箭头或斜线两种形式，但同一张图中应采用一种尺寸线终端形式，不得混用。具体标注应符合以下要求。

采用箭头形式时，两端应画出尺寸箭头，指到尺寸界线上，表示尺寸的起止。尺寸箭头宜用实心箭头，箭头的大小应根据可见轮廓线选定，且其大小在图中应保持一致。

采用斜线形式时，尺寸线与尺寸界线应相互垂直。斜线应用细实线，且方向及长短应保持一致。斜线方向应以尺寸线为准，逆时针方向旋转45°，斜线长短约等于尺寸数字的高度。

（5）有关建筑尺寸标注，可按 GB/T 50104—2010《建筑制图标准》的要求执行。

视频资源

1-5 统一规定：字体

5. 字体及写法

（1）图中书写的文字（包括汉字、字母、数字、代号等）均应字体工整、笔画清晰、排列整齐、间隔均匀有度。其书写位置应根据图面妥善安排，文字多时宜放在图纸的下面或右侧。文字应自左向右水平方向书写，标点符号占一个汉字的位置。书写中文时，应采用国家正式颁布的汉字，字体宜采用宋体或仿宋体。

说明　　尽量不要出现线压字或字压线的情况，否则会影响图纸美观度及质量。同一类型的文字的样式及大小应该一致。

（2）图中的"技术要求""说明""注"等字样，宜写在具体文字的左上方，并使用比文字内容大一号的字体书写。具体文字内容多于一项时，应按下列顺序号排列。

1、2、3…

（1）、（2）、（3）…

①、②、③…

（3）图中所涉及数量的数字，均应用阿拉伯数字表示。计量单位应使用国家颁布的法定计量单位。

6. 图衔

（1）通信工程图纸应有图衔，图衔的位置应在图面的右下角。

（2）通信工程常用标准图衔为长方形，大小宜为 30 mm×180 mm（高×长）。图衔应包括图纸名称、图纸编号、单位名称、单位主管、部门主管、总负责人、单项负责人、设计人、审校核人、制图日期等内容。

图衔的外框必须加粗，其线条粗细应与整个图框相一致，如图 1-2 所示。

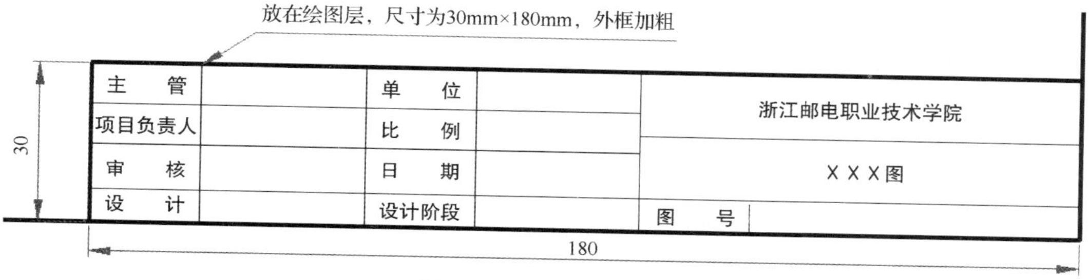

放在绘图层，尺寸为30mm×180mm，外框加粗

主　管		单　　位		浙江邮电职业技术学院
项目负责人		比　　例		
审　核		日　　期		×××图
设　计		设计阶段		图　号

30

180

图 1-2　标准图衔示例图

（3）设计及施工图纸编号的编排应尽量简洁，应符合以下要求。

① 设计及施工图纸编号的组成应包含以下内容。

$$\boxed{\text{工程项目编号}} - \boxed{\text{设计阶段代号}} - \boxed{\text{专业代号}} - \boxed{\text{图纸编号}}$$

同工程项目编号、同设计阶段、同专业而多册出版时，为避免编号重复，可按以下规则执行。

$$\boxed{\text{工程项目编号}}（A） - \boxed{\text{设计阶段代号}} - \boxed{\text{专业代号}}（B） - \boxed{\text{图纸编号}}$$

视频资源

1-6　统一规定：
图衔及注释

A、B 为字母或数字，以区分不同册编号。

② 工程项目编号应由工程建设方或设计单位根据工程建设方的任务委托统一给定。

③ 设计阶段代号应符合表 1-4 的要求。

表 1-4　　　　　　　　　　　　　　　　　设计阶段代号

项目阶段	代号	工程阶段	代号	工程阶段	代号
可行性研究	K	初步设计	C	技术设计	J
规划设计	G	方案设计	F	设计投标书	T
勘察报告	KC	初设阶段的技术规范书	CJ	修改设计	在原代号后加 X
咨询	ZX	施工图设计一阶段设计	S		
			Y		
		竣工图	JG		

④ 常用专业代号应符合表 1-5 的要求。

表 1-5　　　　　　　　　　　　　　　常用专业代号

名称	代号	名称	代号	名称	代号	名称	代号
光缆线路	GL	电缆线路	DL	网管系统	EG	微波通信	WB
海底光缆	HGL	通信管道	GD	卫星通信	WD	铁塔	TT
传输系统	CS	移动通信	YD	同步网	TB	信令网	XL
无线接入	WJ	核心网	HX	通信电源	DY	监控	JK
数据通信	SJ	业务支撑系统	YZ	有线接入	YJ	业务网	YW

注：① 用于大型工程中分省、分业务区编制时的区分标识，可采用数字 1、2、3 或拼音字母的字头等。

② 用于区分同一单项工程中不同的设计分册（如不同的站册），宜采用数字（分册号）、站名拼音字头或相应汉字表示。

图纸编号：为工程项目编号、设计阶段代号、专业代号相同的图纸间的区分号，应采用阿拉伯数字简单顺序编制（同一图号的系列图纸用括号内加分数表示）。

7. 注释、标志和技术数据

（1）当含义不便于用图示方法表达时，可采用注释来表达。当图中出现多个注释或大段说明性注释时，应把注释按顺序放在边框附近。注释可放在需要说明的对象附近；当注释不在需要说明的对象附近时，应使用引线（细实线）指向说明对象。

（2）标志和技术数据应该放在图形符号的旁边；当数据很少时，技术数据也可放在图形符号的方框内（如通信光缆的编号或程式）；数据多时可采用分式表示，也可用表格形式列出。当使用分式表示时，可采用以下模式：

$$N = \frac{A-B}{C-D}F$$

其中，N 为设备编号，应靠前或靠上放。

A、B、C、D 为不同的标注内容，可增减。

F 为敷设方式，应靠后放。

当设计中需表示本工程前后有变化时，可采用斜杠方式：（原有数）/（设计数）。

当设计中需表示本工程前后有增加时，可采用加号方式：（原有数）+（增加数）。

常用的标注方式见表 1-6。表中的文字代号应以工程中的实际数据代替。

表 1-6　　　　　　　　　　　　　　　常用的标注方式

序号	标注方式	说明
1	$\dfrac{\begin{array}{c}N\\(n)\end{array}}{\dfrac{P}{P_1/P_2/P_3/P_4}}$	对直接配线区的标注方式。 注：图中的文字符号应以工程数据代替（下同）。 其中： N——主干电缆编号，例如，0101 表示 01 电缆上第一个直接配线区； n——交接箱容量，例如，2400（对）； P——主干电缆容量（初设为对数，施设为线序）； P_1——现有局号用户数； P_2——现有专线用户数，当有不需要局号的专线用户时，用+（对数）表示； P_3——设计局号用户数； P_4——设计专线用户数

续表

序号	标注方式	说明
2	N P $P_1/P_2\,P_3/P_4$ （圆形图符）	对交接配线区的标注方式。 注：图中的文字符号应以工程数据代替（下同）。 其中： N——交接配线区编号，例如，J22001 表示 22 局第一个交接配线区； P、P_1、P_2、P_3、P_4——含义同序号 1 注。
3	$m+n$ L N_1　N_2	对管道扩容的标注方式。 其中： m——原有管孔数，可附加管孔材料符号； n——新增管孔数，可附加管孔材料符号； L——管道长度；N_1、N_2——人孔编号
4	L $H^mP_n\text{-}d$	对市话电缆的标注方式。 其中： L——电缆长度；H^m——电缆型号；P_n——电缆百对数；d——电缆芯线线径
5	L N_1　N_2	对架空杆路的标注方式。 其中：L——杆路长度； N_1、N_2——起止电杆编号（可加注杆材类别的代号）
6	L $H^mP_n\text{-}d$ $N\text{-}X$ N_1　N_2	对管道电缆的简化标注方式。 其中： L——电缆长度；H^m——电缆型号；P_n——电缆百对数； d——电缆芯线线径；X——线序；斜向虚线 —— 管道光缆示意图纸中人（手）孔的简化画法； N_1、N_2—— 起止人孔号；N——主干电缆编号
7	$\dfrac{N\text{-}B}{C}$　$\dfrac{d}{D}$	分线盒标注方式。 其中：N——编号；B——容量；C——线序；d——现有用户数；D——设计用户数
8	$\dfrac{N\text{-}B}{C}$　$\dfrac{d}{D}$	分线箱标注方式。 注：字母含义同序号 7
9	$\dfrac{WN\text{-}B}{C}$　$\dfrac{d}{D}$	壁龛式分线箱标注方式。 注：字母含义同序号 7

（3）在通信工程中，在项目代号和文字标注方面宜采用以下方式。

① 平面布置图中可主要使用位置代号或用顺序号加表格说明。

② 系统框图中可使用图形符号或用方框加文字符号来表示，必要时也可两者兼用。

③ 接线图应符合 GB/T 6988.1—2008《电气技术用文件的编制 第 1 部分：规则》的规定。

（4）对安装方式的标注应符合表 1-7 的要求。

表 1-7 安装方式标注表

序号	代号	安装方式	英文说明
1	W	壁装式	Wall mounted type
2	C	吸顶式	Ceiling mounted type
3	R	嵌入式	Recessed type
4	DS	管吊式	Conduit Suspension type

（5）敷设部位的标注应符合表 1-8 的要求。

表 1-8 敷设部位标注表

序号	代号	安装方式	英文说明
1	M	钢索敷设	supported by Messenger wire
2	AB	沿梁或跨梁敷设	Along or across Beam
3	AC	沿柱或跨柱敷设	Along or across Column
4	WS	沿墙面敷设	on Wall Surface
5	CE	沿天棚面顶板面敷设	along Ceiling or slab
6	SC	吊顶内敷设	in hollow Spaces of Ceiling
7	BC	暗敷设在梁内	Concealed in Beam
8	CLC	暗敷设在柱内	Concealed in Column
9	BW	墙内埋设	Burial in Wall
10	F	地板或地板下敷设	in Floor
11	CC	暗敷设在屋面或顶板内	in Ceiling or Slab

1.4 图形符号的使用

1. 图形符号的使用规则

（1）对同一项目给出几种形式时，选用应遵守以下规则。

① 优先使用"优选形式"。

② 在满足需要的前提下，宜选用最简单的形式（例如"一般符号"）。

③ 在同一种图纸上应使用同一种形式。

（2）对同一项目宜采用同样大小的图形符号；特殊情况下，为了强调某方面或便于补充信息，可使用同大小的符号和不同粗细的线条。

（3）绝大多数图形符号的取向是任意的，为了避免导线的弯折或交叉，在不引起错误理解的前提下，可将符号旋转或取镜像形态，但文字和指示方向不得倒置。

（4）本规定中图形符号的引线是作为示例绘制的，在不改变符号含义的前提下，引线可取不同的方向。

（5）为了保持图面符号的布置均匀，围框线可不规则绘制，但是围框线不应与元器件相交。

2. 图形符号的派生

（1）本规定只给出了图形符号有限的示例，允许根据已规定的符号组图规律进行派生。

（2）派生图形符号是将原有符号加工形成新的图形符号，应遵守以下规律。

①（符号要素）+（限定符号）→（设备的一般符号）。

② （一般符号）+（限定符号）→（特定设备的符号）；

③ 利用 2～3 个简单符号→（特定设备的符号）；

④ 一般符号缩小后可作为限定符号使用。

（3）对急需的个别符号，可暂时使用方框中加注文字符号的方式。

1.5　认识常用图例

视频资源

1-7　图形符号及图例

工程制图规范中所给出的图例并不可能囊括所有所需的工程图例，随着技术、产品工艺的不断更新和进步，工程设计人员会依据公司的有关标准绘制出新的工程图例，总之，只要在设计图纸中对其以图例形式加以标明即可。参照工信部发布的 YD/T 5015—2015《通信工程制图与图形符号规定》（见附录），详细信息如表 1-9 所示。

表 1-9　　　　　　　　　　通信工程图形符号

符号名称	标准代码	符号名称	标准代码
符号要素	5.1	核心网	5.8
限定符号	5.2	数据网络	5.9
连接符号	5.3	业务网、信息化系统	5.10
传输系统	5.4	通信电源	5.11
通信线路	5.5	机房建筑及设施	5.12
通信管道	5.6	地形图常用符号	5.13
无线通信	5.7		

【项目实施】

通信工程图纸是通过图形符号、文字符号、文字说明和标注表达的。要想读懂图纸，就必须了解和掌握图纸中各种图形符号、文字符号等所代表的含义。专业人员通过工程图纸了解工程规模、工程内容，统计出工程量，编制出工程概预算文件。阅读工程图纸、统计工程量的过程称为工程识图。对图纸进行识读时，应先从整体上看，需要查看图纸各要素是否齐全，并了解其设计意图，然后细读图纸，看其是否能直接指导工程施工。

1.6　无线基站工程图纸的识读

电子图纸

图 1-3

视频资源

1-8　识读：无线基站工程

图 1-3 是某大学体育场新建无线基站机房设备平面布置图。从整体上看，本工程图纸有指北针、机房设备平面布置、图例、技术说明和设备安装工作量表等，要素较为齐全；同时新建和预留设备区分较为明显，设备正面图例标注清晰。

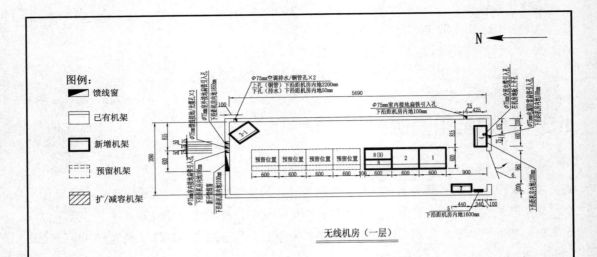

无线机房（一层）

设备安装工作量表

编号	名 称	符号	单位	容量/配置	总数	新增数	拆除数	安装数	设备尺寸(mm)	设备型号	安装方式	备注
1	高频开关组合电源	MPS	架	600A/-48V	1	1		1	600(W)×400(D)×1600(H)		落地	
	整流模块		块	50A	3	3		3			嵌入	
2	梯级电池		组	100Ah/-48V	1	1		1	600(W)×600(D)×1000(H)		电池架安装	配置电池架
3	空调	AC	台	3P	1	1		1			落地	
4	交流配电箱	PD	个	100A	1	1		1			壁挂	
5	动环监控	FSU	套		1	1		1			壁挂	
6	防盗门		扇		1	1		1	960(W)×2100(H)			机房自带
7	灭火器（二氧化碳）		个		2	2		2			落地	机房自带
8	综合柜		个		1	1		1	600(W)×600(D)×2000(H)		落地	
9	直流配电单元		个		1	1		1			嵌入	
10	电控锁		套		1	1		1			嵌入	
11	通信与位置服务终端		个		1	1		1			壁挂	

说明：
1. 本基站位于某大学体育场附近，为便携式基站，机房净高约2.5米；
2. 防盗门原则上以左侧开门（门轴在右）为主，如上图所示，特殊情况可根据现场需要调整；
3. 本期工程新增的机柜（架）或底座（支架）安装时应用膨胀螺栓对地加固；在抗震地区，应对设备采取抗震加固措施；设备的抗震、加固应能满足防范当地地震强度的要求；在有活动地板的机房内安装设备时，应有钢质底座，非镀层底座应涂防锈漆，做防腐防锈处理；具体要求详见我国通信行业标准文件YD 5059—2005《电信设备安装抗震设计规范》。

安全注意事项：
1. 应严格执行施工安全规范，遵守操作规程，施工人员须做好绝缘防护措施，操作时严禁佩戴易导电物体，拔插板卡时应戴防静电手腕；
2. 应预防设备超重，若支撑设备的楼面或基础荷载不足，易引起建筑垮塌，导致通信阻断；设备应严格按照设计图纸进行安装；
3. 应确保本期施工队对原有设备和系统不造成影响，防止各种金属材料跌落引起的短路等故障，以避免造成意外通信中断；
4. 应严格遵守加电流程和规范，须在加电申请被审核批复后才能进行，加电前应核实电源负荷，避免出现过载、短路情况；加电时应避免触电伤害，加电后应确保电源正常运行、无警告；
5. 应做好设备保护接地，规范接线，避免造成设备及缆线损坏、通信中断，或造成人身触电安全事故；
6. 拆除工作经确认之后方可进行，应避免违章关停设备或误操作剪断其他设备在用线缆，造成通信中断；
7. 施工工具与设备应定期进行检查、检测和校准，避免操作不当或施工器械缺陷造成设备损坏，影响施工人员人身安全；
8. 在站点施工时，不得对其他运营商设备以及缆线造成不利影响；
9. 正常情况下不允许运营商设备直接接入开关电源，各运营商设备应接入对应网络柜的直流配电单元。

项目总负责人		专业负责人			**XXX设计有限公司**	
设 计 人		单 位	mm			
校 审 人		比 例	1：75		XXX大学体育场 新建无线基站机房设备平面布置图	
专业审核人		出图日期	20XX.XX	图号	20XX-XXXDXTYC-02	

图 1-3 某大学体育场新建无线基站机房设备平面布置图

（1）查看设备是否定位。本次工程是新建无线基站，均为新增 5G 相关设备，具体有 1（高频开关组合电源，含整流模块）、2（梯级电池）、8（综合柜）、9（直流配电单元）等，设备的尺寸、间距已在图中及设备表里给出，每个设备的安装位置唯一、确定。

（2）查看设备摆放是否合理。1（高频开关组合电源）与 4（交流配电箱）靠近，便于电源线布放，节约工程成本；预留空位（图中虚线框）表示后期基站扩容或扩建的位置，便于走线和长远规划。

（3）门窗是否符合基站的建设要求。此处单扇门宽为 960mm，高度未知，基本符合基站单扇门宽 1m、高不低于 2m 的基本要求。为了尽量避免外部灰尘渗入机房内部，机房不设窗户；若有窗户，需要进行改造。本工程中整个机房没有窗户，由空调调节温度和湿度。

（4）墙洞是否定位。本次设计要求在北墙上开 4 个墙洞，分别是新开馈线窗、室内接地扁铁引入孔、馈线接地/光缆孔和室内接地扁铁引入孔，距地面高度均已给出，可指导工程施工。

（5）空调、照明、开关等辅助设施的位置应在具体施工前给出，在本设计图中无须进行定位。

1.7　室内分布工程图纸的识读

图 1-4 所示为某公司地下室室内分布设备安装路由图，对其进行以下方面的解读。

对图纸进行整体查看，确定图纸各要素是否齐全，并了解其设计意图。可以看出，本工程图纸有指北针、天线安装及走线路由图、图例等，要素较为齐全。若有相关技术说明，也可将其添加在图纸相关位置，便于解读此工程图纸。

细读图纸，看是否能直接指导工程施工。从接入点（机房）开始，经过功分器、耦合器进行馈线敷设（1/2 馈线），在各功分器的输出端口具体距离处进行天线的安装。图中所用到的 1/2 射频同轴电缆长度均已标注，若加上室内分布系统框图和系统原理图，则本图纸可以用于指导工程施工。

1.8　光缆工程图纸的识读

图 1-5 所示是某校光缆工程施工图，下面将运用前面所介绍的制图知识和相关专业知识来进行详细识读。

视频资源

1-9　识读：室内分布工程

电子图纸

图 1-4

电子图纸

图 1-5

视频资源

1-10　识读：光缆工程

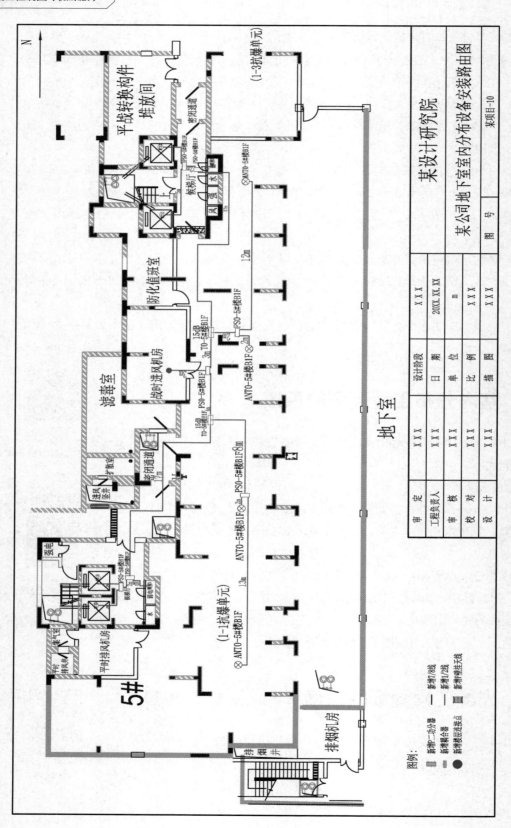

图 1-4　某公司地下室室内分布设备安装路由图

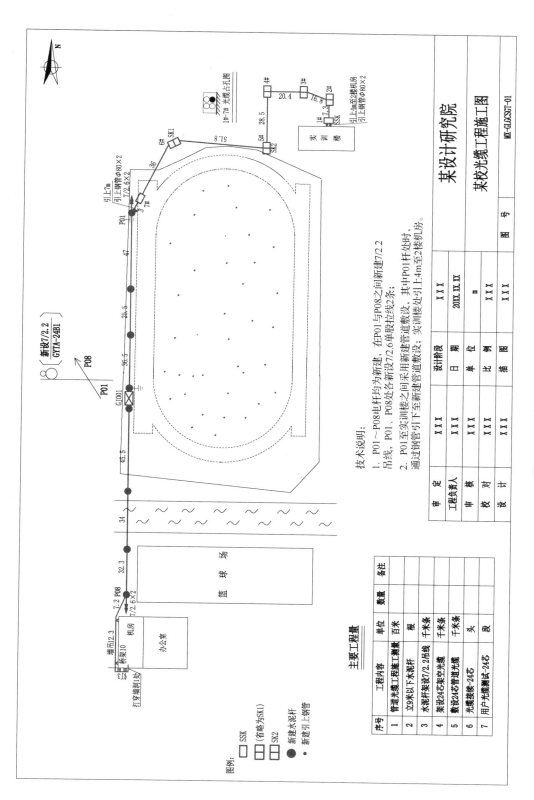

图 1-5　某校光缆工程施工图

该工程图除主要工程量列表中的数量没有填写完整外，其他要素基本齐全。

（1）指北针图标是通信线路工程图、机房平面图、机房走线路由图等图纸中必不可少的要素，可以帮助施工人员辨明方向，正确、快速地找到施工位置。

（2）工程图例齐全，为准确识读此工程图纸奠定了基础。

（3）技术说明、主要工程量列表中除各工程量数量没有标明外，其他说明较为清晰，为编制施工图预算提供了信息，同时也利于施工技术人员领会设计意图，为快速施工提供了详细的资料。

（4）图纸主要参照物齐全，有篮球场、办公室、实训楼、操场等，为工程施工提供了方便。

（5）图纸中线路敷设路由清晰，距离数据标注完整，同时对特殊场景（引上钢管、拉线程式等）进行了相关说明。

（6）图纸给出了本次工程管道管孔的占用情况，有利于施工技术人员更好地识读该图纸。

【技能训练】

1. 请参照我国通信行业标准 YD/T 5015—2015《通信工程制图与图形符号规定》，写出表 1-10 对应的图例名称。

表 1-10   部分图例

序号	图例	序号	图例
1		2	
3	ab A–B	4	
5	m A	6	
7	N 或 N	8	J R
9		10	L A B
11	h/p_m	12	
13	s s	14	
15		16	

续表

序号	图例	序号	图例
17	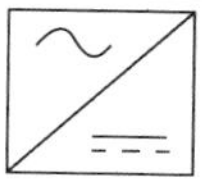	18	或
19	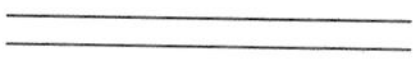	20	
21	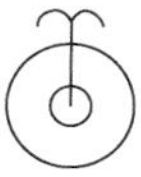	22	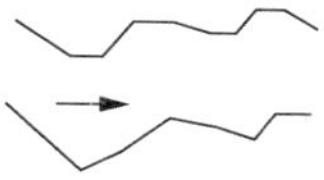
23	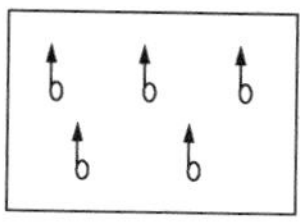	24	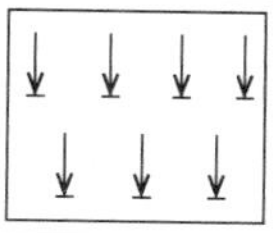
25	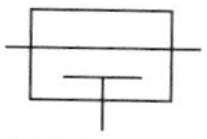	26	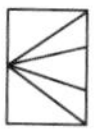
27	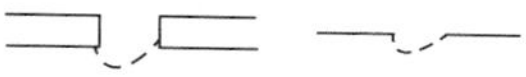	28	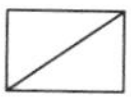

2. 根据我国通信行业标准 YD/T 5015—2015《通信工程制图与图形符号规定》，认真识读图 1-6，请写出识读过程。

识读记录：_____

_____

_____

_____

_____

_____

_____

_____

_____

_____

_____

_____

_____

_____

_____

_____

_____

_____

_____

_____

_____

_____

_____

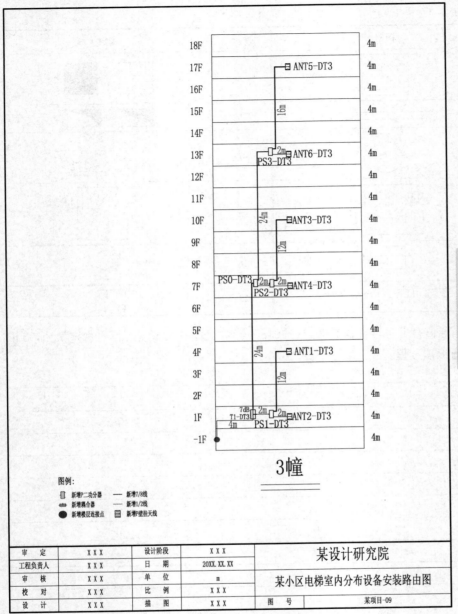

图例：
- ▯ 新增P二功分器
- ⊐⊏ 新增耦合器
- ● 新增楼层连接点
- ▭ 新增P壁挂天线
- —— 新增7/8线
- —— 新增1/2线

3幢

审 定	×××	设计阶段	×××	某设计研究院
工程负责人	×××	日 期	20××.××.××	
审 核	×××	单 位	m	某小区电梯室内分布设备安装路由图
校 对	×××	比 例	×××	
设 计	×××	描 图	×××	图 号 某项目-09

图 1-6 某小区电梯室内分布设备安装路由图

电子图纸

图 1-6

02 项目2 通信工程制图软件基本操作

【项目概述】

AutoCAD 广泛应用于各种行业，不同行业对软件的绘图环境要求和常用功能模块不同，因此，在使用软件前需要进行相应的设置。首先需要会安装和卸载不同版本的 AutoCAD，安装时一般要进行注册。

通过软件中的图层功能、工程师可以将复杂图形分解成几个简单的模块分别进行绘制，这样就可以快速、准确、有条不紊地完成复杂工程图纸的设计。

【课前导读】

良好的习惯，就是做有益于自己、有益于他人、有益于社会的事，并长期坚持，直到成为习惯性的行为。好习惯成就大未来，拥有好习惯的人会取得好成绩。

一张高质量的图纸需要美观和实用并存，还需要工程师有一定的绘图速度，这就需要养成良好的绘图习惯，鼠标、键盘、眼睛和大脑能高效配合。

【技能目标】

1. 会安装及卸载 AutoCAD。
2. 对 AutoCAD 的界面有所认识，操作软件时，鼠标、键盘的使用能配合默契。
3. 能对绘图环境进行设置。
4. 了解直线的基本绘制方法。
5. 熟悉 AutoCAD 的坐标系统及使用方法。

6. 会设置图层及正确使用图层绘图。

7. 会设置线型及调整比例。

【素养目标】

1. 在学习之初，要强调养成良好习惯的重要性。

2. 反复、温柔、耐心提醒学生在绘图中要养成手、脑、眼配合的好习惯。

【教学建议】

项目	任务	子任务	内容介绍	学习方式	建议学时	重难点
项目 2 通信工程制图软件基本操作	知识准备（课前）	2.1 AutoCAD 的安装及卸载	1. 软件安装及初始设置 2. 软件卸载	线上	1	
		2.2 AutoCAD 的操作界面	标题栏、菜单栏、工具栏、绘图区、命令栏、状态栏的介绍	线上		
	项目实施（课中）	2.3 基本操作	1. 鼠标指针的状态 2. 鼠标的功能和键盘常用按键功能 3. 命令的 3 种输入方式 4. 新建、保存、打开文件等 5. 对象的选择方法 6. 绘图区视图显示	线下	1	重点
		2.4 设置绘图环境	1. 绘图区的基本设置 2. 绘图单位的设置 3. 选项的设置	线下	1	
		2.5 坐标系统	1. 直角坐标和极坐标的表示方法 2. 相对坐标和绝对坐标的含义及使用方法	线下	1	重点
		2.6 直线命令	直线的基本画法	线下		
		2.7 线型及属性修改	1. 线型的加载和比例调整 2. 线的颜色及线宽设置	线下	1	难点
	技能训练（课后）		1. 直角坐标与极坐标的训练 2. 线型及颜色的训练	作业		

【知识准备】

视频资源

2-1 AutoCAD 的安装

2.1 AutoCAD 的安装及卸载

AutoCAD 是由美国 AutoDesk 公司开发的一个用于设计工作的软件产品，是目前设计领域方面最流行的 CAD 软件。AutoDesk 公司成立于 1982 年，在 40 多年的发展中，该公司不断丰富和完善 AutoCAD 系统，并连续推出了更新版本，使得 AutoCAD 在建筑、机械、测绘、电子、通信、汽车、服装和造船等许多行业中得到广泛应用，成为市场占有率居世界首位的

CAD 系统工具，是当前工程师设计绘图的重要工具。

AutoCAD 几乎每年都有更新版本，版本很多。AutoCAD 是目前使用较为广泛的版本，不仅继承了先前版本的优点，而且强化了 Web 网络设计功能，界面更加友好，体系结构更为开放，在协作、数据共享和管理上的改进尤为突出。其新增的功能有工作效率高、数据共享、管理完备的特点。AutoCAD 采用新的 DWG 文件格式，仍向后兼容。AutoCAD 可以另存为 2014、2007 等前期版本。在选项对话框中可以设置默认的文件保存格式。

1. AutoCAD 的安装

AutoCAD 的安装过程基本可以自动完成，但在安装过程中需要输入序列号和密钥，在安装说明文件中可找到相应的值。AutoCAD 安装完成后还需要进行激活，不激活的话只有 30 天的使用期限。

安装好后，进入"AutoCAD 经典"工作空间，第一次使用时，请设置好向导初始对话框，之后使用时会便利很多。

在使用 AutoCAD 设计图纸时，要养成良好的绘图习惯，并请在 PC 硬盘中建立一个专用于工程制图的文件夹。

2. AutoCAD 的卸载

按照正常软件的卸载方式进行卸载。

视频资源

2-2　AutoCAD 的操作界面

2.2　AutoCAD 的操作界面

不同版本的 AutoCAD 的操作界面会有所不同，但功能和结构基本相同，主要由标题栏、菜单栏、工具栏、绘图区、命令栏、状态栏组成。下面以 AutoCAD 2014 版本的界面为例，如图 2-1 所示，介绍 AutoCAD 的操作界面。

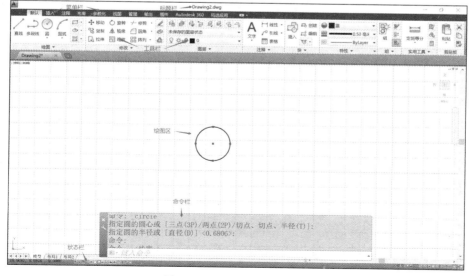

图 2-1　AutoCAD 的操作界面

在 AutoCAD 的众多版本中，AutoCAD 的经典操作界面受大多数工程师的喜欢，使用起来得心应手。可以在软件界面右下角找到切换工作空间选项，然后在其子菜单里选择 AutoCAD 经典选项，将图 2-1 中的 AutoCAD 2014 初始操作界面设置成经典模式。

1. 标题栏

AutoCAD 的标题栏位于操作界面的顶部，左侧显示该程序的图标及当前操作图形文件的名称。单击图标，将弹出系统菜单，可以进行相应的操作。右侧为窗口控制按钮，分别为窗口最小化按钮、窗口最大化按钮、关闭窗口按钮，通过这些按钮，可以实现对程序窗口状态的调节。

2. 菜单栏

AutoCAD 的经典操作界面中的菜单栏中包含 11 个菜单，分别是文件、编辑、视图、插入、格式、工具、绘图、标注、修改、窗口和帮助，它们几乎包含了该软件的所有命令。单击菜单栏中的某一菜单名，即弹出相应的菜单。

3. 工具栏

工具栏是一组工具的集合，它为用户提供了另一种调用命令和实现各种操作的快捷执行方式。AutoCAD 中共包含 29 种工具栏，在默认情况下，将显示标准、工作空间、绘图、绘图次序、特性、图层和修改这 7 种工具栏。单击工具栏中的某一图标，即可执行相应的命令。把鼠标指针移动到某个图标上稍停片刻，在该图标的一侧将显示相应的工具提示。

AutoCAD 的工具栏也是按不同功能分类组合的，在制图的时候，初学者经常会把工具栏给不小心关掉，可在工具栏空白处单击鼠标右键，把 AutoCAD 的某个工具栏调出，如图 2-2 所示。具体操作是将鼠标指针移动到任一工具栏的非标题区，单击鼠标右键，勾选需要显示的工具栏。

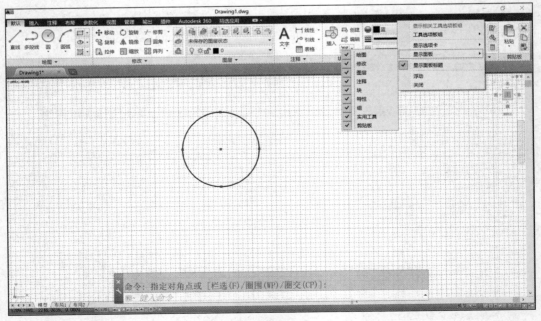

图 2-2　工具栏显示

也可通过选择【视图】→【工具栏】命令调出某工具栏，在弹出的子菜单中勾选工具栏名称前的复选框，如图 2-3 所示，选中的工具栏将出现在屏幕上。

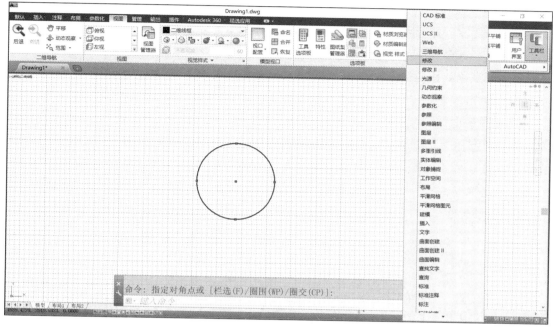

图 2-3　工具栏的设置

这里介绍两个非常重要的工具栏：【绘图】工具栏和【修改】工具栏。【绘图】工具栏中的命令如图 2-4 所示，执行其中的命令，可以绘制直线、多线、多段线等线条，可以绘制圆、正多边形、矩形等图形，可以进行块操作，可以插入文字、表格、图案填充等。【修改】工具栏中的命令如图 2-5 所示，执行其中的命令，可以复制、镜像、移动、旋转、阵列、拉伸、修剪、缩放对象等。使用【修改】工具栏中的命令前一定要有一个已知对象，然后才能对这个对象进行修改和编辑，重新创造或修改源对象。

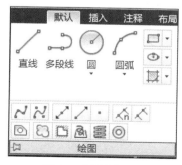

图 2-4　【绘图】工具栏

图 2-5　【修改】工具栏

4. 绘图区

绘图区是 AutoCAD 中显示、编辑图形的区域。绘图区中的鼠标指针为十字光标，用于绘制图形及选择图形对象，十字线的交点为鼠标指针的当前位置，十字线的方向与当前用户

坐标系的 x 轴、y 轴方向平行。

在绘图区的左下角有一坐标系图标，它表示当前绘图所采用的坐标系，并指明 x、y 轴的方向。AutoCAD 的默认设置是世界坐标系（World Coordinate System，WCS），其原点一般位于绘图区域的左下方。用户可以通过变更坐标原点和坐标轴方向来建立自己的坐标系，即用户坐标系（User Coordinate System，UCS）。

绘图区底色默认是黑色，用户可以通过【选项】命令修改底色和鼠标指针的大小，但一般不建议修改。

5. 命令栏

命令栏即命令提示窗口，也叫命令行窗口，是用户输入命令名和显示命令提示信息的区域，默认位于绘图区的下方。命令栏默认保留最后 3 次所执行的命令及相关的提示信息。

如果命令栏被隐藏了，可按 Ctrl+9 组合键打开，如图 2-6 所示。

图 2-6　命令栏的状态切换

6. 状态栏

AutoCAD 的状态栏位于屏幕的底部，用来显示当前的作图状态。默认情况下，状态栏左侧显示绘图区中鼠标指针定位点的坐标 x、y、z 的值，中间依次为捕捉、栅格、正交、极轴、对象捕捉、对象追踪、线宽、DUCS 等辅助绘图工具按钮，单击任一按钮，即可打开或关闭相应的辅助绘图工具。单击鼠标右键，即可弹出状态栏菜单，在该菜单中可以设置状态栏中显示的辅助绘图工具按钮。

一般绘图时，会将捕捉、栅格、正交这 3 个辅助绘图工具关掉。极轴、对象捕捉、对象追踪、线宽、DUCS 等辅助绘图工具打开会比较好，也可以根据需要进行开关的切换。

【项目实施】

2.3　基本操作

1. 鼠标指针的状态

绘图区中的鼠标指针有两种状态，即自由状态和执行命令状态，如图 2-7 所示。鼠标指针中间有小方格时，鼠标指针处于自由状态，可以执

视频资源

2-3　AutoCAD 的基本操作

行下一个命令。鼠标指针中间没有小方格时，说明鼠标指针正在执行命令，此时可以根据命令栏的提示完成当前命令的操作。如果鼠标指针处于执行命令状态时想终止当前命令，可按 Esc 键退出当前命令，鼠标指针变为自由状态。在绘图时一定要注意观察鼠标指针的状态和命令栏的提示。

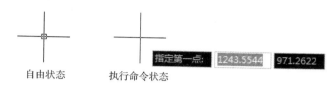

图 2-7 鼠标指针的两种状态

2. 鼠标的功能

鼠标有左键、右键、滚轴 3 个按键，熟练掌握它们的功能可以快速绘图。

左键：执行命令状态时有确定的功能，也有选择的功能。

右键：鼠标指针为自由状态时，可直接进行重复上一次操作、复制粘贴、平移缩放等操作；鼠标指针为执行命令状态时，一般有取消的功能。

滚轴：向上滚动有以鼠标所在点放大视图的功能；向下滚动有以鼠标所在点缩小视图的功能；将滚轴按住不动，绘图区的鼠标指针会变成小手的图标，此时可以平移绘图区的图形；双击滚轴可以最大化视图（将绘图区中的图形最大化在用户的视野中）。

3. 键盘常用按键功能

在制图中，一般右手控制鼠标，左手控制键盘。键盘中有几个按键有特殊的功能。

Esc 键：退出当前命令。

Enter 键：鼠标指针为自由状态时有重复上一次命令的功能。

空格键：鼠标指针为自由状态时有重复上一次命令的功能（同 Enter 键）；鼠标指针为执行命令状态时有确定等功能。

Delete 键：删除键，需要先选中要删除的对象。

4. 命令的输入方法

AutoCAD 中的命令有 3 种输入方法，即命令行输入、工具栏输入和菜单栏输入。

◆ 命令行输入：从键盘输入快捷键或英文命令全称。

◆ 工具栏输入：工具栏上的命令按钮。

◆ 菜单栏输入：菜单中的命令。

5. 文件的管理

常用的文件类型有*.dwg（标准图形文件）、*.dwt（样板图形）、*.dwf（网络设计文件）、*.dxf（网络设计格式）、*.bak（备份文件）。

新建图形文件：选择样板文件（*.dwt），如图 2-8 所示。注意要确认是绘制二维图形还是三维图形，如果是绘制二维图形，可以选择 acad.dwt 和 acadiso.dwt，不要选择样板文件名中带"3D"字样的样板。

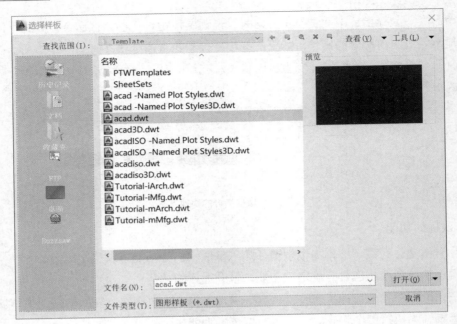

图 2-8　新建文件

保存图形文件：选择保存文件类型（*.dwg），注意保存路径。要养成良好的绘图习惯，请在计算机硬盘中新建一个文件夹专门用于存放通信工程制图的文件。注意新建文件未给出保存路径并且文件异常关闭时，文件及文件内容会消失。文件有保存路径后，软件默认会每10 分钟自动保存一次。因此，在新建文件之后请立即保存文件，以免计算机或软件有突发情况，文件异常关闭，导致文件内容丢失。

打开图形文件：选择正确的文件存放路径。

6. 对象的选择

绘图区的每一个图形元素称为对象，对象的选择有以下 3 种常用方式。

点选：鼠标左键单击需要选择的对象，可连续选择。

框选：左右框选对象时，要将需要选中的对象全部包含在框中；右左框选为反选，只需要将对象的部分选中。

全选：快捷键 Ctrl+A。

一般选择少数对象时用点选方式，选择某个区域中的多个对象时，采用框选方式。注意学会根据需要采用左右框选方式还是右左框选方式。

7. 绘图区视图显示

绘图区视图显示可通过选择【视图】→【二维导航】命令来选择合适的缩放方式。也可通过视图的缩放命令（ZOOM）来实现。ZOOM 命令的快捷键是 Z，输入 Z 后，命令栏会有下面所示的提示选项。

[全部(A)/中心(C)/动态(D)/范围(E)/上一个(P)/比例(S)/窗口(W)/对象(O)]

//全部(A)：显示当前视区中图形界线的全部图形。

//中心(C)：表示指定一个新的画面中心，然后输入缩放倍数，重新确定显示窗口的位置。

//动态(D)：进入动态缩放/平移方式，当前视区中显示出全部图形。

//上一个(P)：显示前一视图。

//窗口(W)：当要将图形的某一部分进行放大显示时，可利用窗口缩放视图方式来调整。

特别实用的视图显示方法是利用鼠标的滚轴，向下滚动滚轴，视图逐渐被缩小；向上滚动滚轴，视图逐渐变大；双击鼠标的滚轴，可将绘图区中的所有对象以最大化形式显示在绘图区。

2.4　设置绘图环境

1. 绘图区的基本设置

AutoCAD 的操作界面中心是绘图区，所有的绘图结果都反映在这个区域中。通常打开 AutoCAD 后的默认设置界面为模型空间，这是一个没有任何边界、无限大的多层区域。因此可以按照所绘图形的实际尺寸来绘制图形，即采用 1∶1 的比例尺在模型空间中绘图。可以设置绘图区底版的颜色和鼠标指针的大小，见下文选项命令内容。

2. 绘图单位（UNITS/UN）的设置

AutoCAD 提供了适合各种类型图样的绘图单位，在开始绘制一张新图之前，首先应该设置单位类型。在命令栏中输入"UN"进入绘图单位的设置，系统将弹出图 2-9 所示的对话框，用户可根据需要分别设置【长度】和【角度】的【类型】及【精度】。单击【方向】按钮，弹出图 2-10 所示的【方向控制】对话框，设置角度测量的起始位置（即绘图默认的 0 度方向）。在通信工程制图中，图形单位参数设置采用默认的即可。不同类型的长度和角度单位的含义如表 2-1 所示。

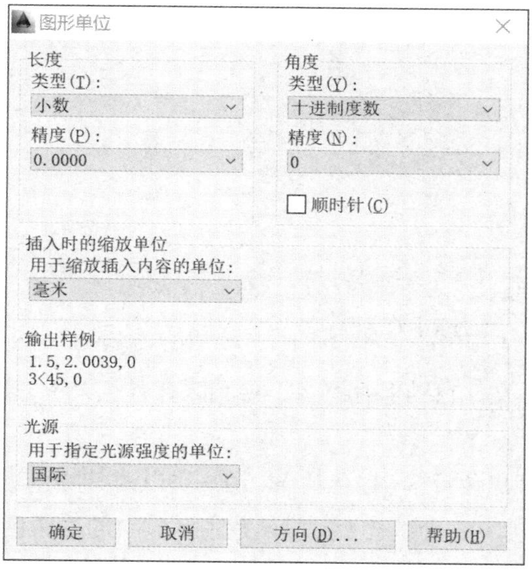

视频资源

2-4　绘图单位的
设置

图 2-9　【图形单位】对话框

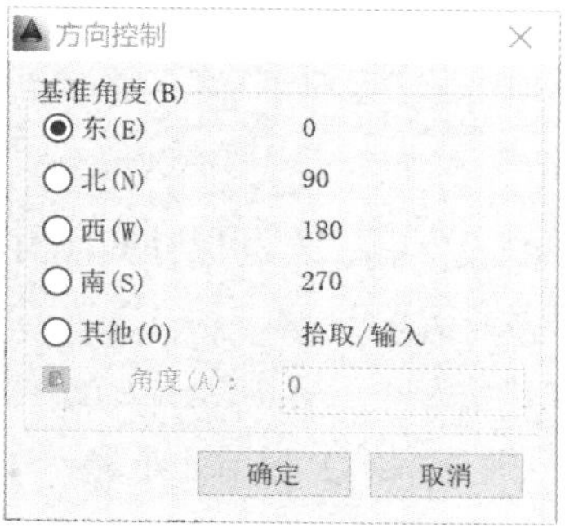

图 2-10　【方向控制】对话框

表 2-1　　　　　　　　　　　　　　长度和角度单位的含义

长度单位含义		角度单位含义	
类型	含义	类型	含义
科学	科学计数法表达方式	度	十进制数，我国工程界常用的角度单位
小数	工程中通常采用的十进制表达方式	度/分/秒	用 d/′/″表示
工程	英尺与十进制英寸表达方式，单位为英寸	百分度	十进制表示梯度，以小写 g 为后缀
建筑	欧美建筑业常用方式，单位为英寸	弧度	十进制数，以小写 r 为后缀
分数	分数表达形式	勘测	勘测角度，小于 90°，大于 0°

3. 选项命令（OPTIONS/OP）

视频资源

2-5　选项命令

在命令栏中输入"OP"或鼠标指针为自由状态时用鼠标右键单击绘图区空白处，选择【选项】命令即可进入【选项】对话框，如图 2-11 所示。在【选项】对话框中，可以对显示、保存及绘图操作等功能进行设置。

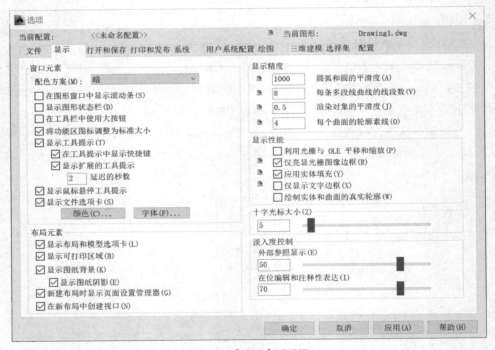

图 2-11　【选项】对话框

常用的设置有：自动保存间隔时间、文件自动保存路径、绘图区背景色设置，以及捕捉鼠标指针及夹点的设置等。

在默认情况下，AutoCAD 的绘图区是黑色背景、白色线条，用户可以对其颜色进行修改，操作如下：在图 2-11 所示的【显示】选项卡中，单击【窗口元素】区域中的【颜色】按钮，打开【颜色选项】对话框，对绘图区的颜色进行设置。在制图中，绘图区为黑色较佳。

系统预设的鼠标指针的长度为屏幕大小的 5%，用户可以在【显示】选项卡中根据绘图的实际需要，对鼠标指针的大小进行调整。【选项】对话框中的其他功能可以根据需要进行设置。

2.5　坐标系统

AutoCAD 中提供了多种坐标系统以便用户绘图，世界坐标系（WCS）是绘制和编辑图形过程中的基本坐标系统，也是进入软件后的默认坐标系统。WCS 由正交于原点的 x、y、z 轴组成，WCS 的坐标原点和坐标轴是固定的，不会随制图人员的操作而发生变化。

在绘图区可用鼠标直接定位点，但不能精确定位到坐标轴中的某一具体点。这时，可以采用键盘输入坐标值的方式在绘图区精确定位坐标点。在 AutoCAD 中经常使用直角坐标和极坐标的方式来精确定位点，直角坐标和极坐标都有相对坐标和绝对坐标。绝对坐标是以坐标系中的原点为基点，相对坐标是以上一个点为基点。

1.　直角坐标：（x,y）

直角坐标有两个坐标参数，即水平坐标 x 和垂直坐标 y，输入时以"，"隔开。x 右为正，左为负；y 上为正，下为负。直角坐标有相对直角坐标和绝对直角坐标，在相对直角坐标前加@加以区分。相对直角坐标格式为：@x,y。绝对直角坐标格式为：x,y。

练一练

按照图 2-12 的要求分别用绝对直角坐标和相对直角坐标绘制图形。

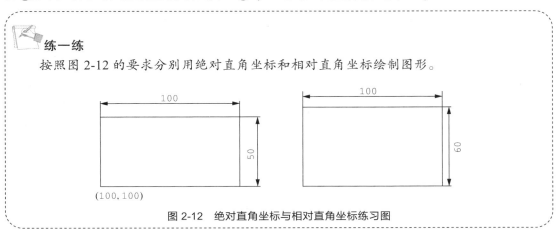

图 2-12　绝对直角坐标与相对直角坐标练习图

2.　极坐标：（$l<\alpha$）

极坐标有两个坐标参数：长度 l 和角度 α，输入时以"<"隔开。l 始终为正；α 逆时针为正，顺时针为负。极坐标有相对极坐标和绝对极坐标，在相对极坐标前加@加以区分。相对极坐标的格式为：@$l<\alpha$。绝对极坐标的格式为：$l<\alpha$。注意，使用极坐标输入 α 的值时，不用输入°，因为软件会自动识别"<"后面是角度的值。

软件默认第一点为绝对坐标，后面的点为相对坐标，因此输入坐标前不需要加@加以区分。如需要在相对和绝对坐标之间进行切换，可打开或关闭【动态输入（DYN）】，DYN 开关为开时则开启相对坐标。

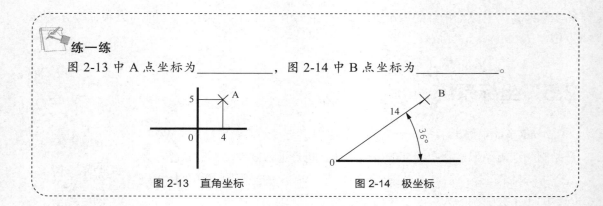

练一练

图 2-13 中 A 点坐标为_____，图 2-14 中 B 点坐标为_____。

图 2-13　直角坐标　　　　图 2-14　极坐标

2.6　直线命令（LINE/L）

直线画法简单，确定起点和终点即可。在直线命令学习过程中，注意熟练使用直角坐标和极坐标，相对坐标和绝对坐标。使用直线命令时，命令栏提示如下。

```
LINE 指定第一点：                  //单击确定起点
指定下一点或 [放弃(U)]：           //单击确定终点，第一条直线绘制好了
指定下一点或 [放弃(U)]：           //绘制第二条直线；[ ]里面的内容为可选项
指定下一点或 [闭合(C)/放弃(U)]：   //（ ）内为可选项命令的快捷键
指定下一点或 [闭合(C)/放弃(U)]：   //前一点绘制错误可输入 U，然后按 Enter 键；
                                  //与第一条直线的起点闭合，请输入快捷键 C，
                                  //然后按 Enter 键
```

视频资源

2-7　直线命令

2.7　线型及属性修改

视频资源

2-8　线型及属性
修改

AutoCAD 提供了大量的非连续线型，如虚线、点划线等。在【特性】工具栏中可设置已绘制或将要绘制图线的颜色、类型及宽度，【特性】工具栏如图 2-15 所示。

图 2-15　【特性】工具栏

对象的颜色不要太花哨，同一类型的对象颜色应一样。

AutoCAD 中有多种线宽可选择，实际工程中会从 0.35、0.4、0.5 这 3 个中选一个。打开状态栏中的【线宽】按钮，显示实际线宽，如图 2-16 所示。

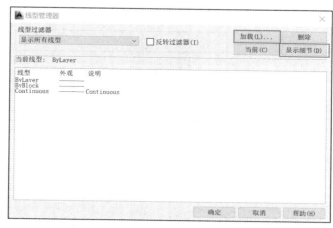

图 2-16　打开【线宽】按钮

如需直线外的线型，可单击【特性】工具栏中的【其他】选项，打开【线型管理器】对话框，如图 2-17 和图 2-18 所示。【线型管理器】对话框可以用于加载所需的各种线型，修改线型比例。

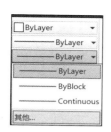

图 2-17　【其他】选项

图 2-18　加载线型

如线型比例不合适，可单击【显示细节(D)】按钮，弹出图 2-19 所示的显示详细信息的【线型管理器】对话框。右下边的【全局比例因子(G)】文本框显示所有线型的全局比例因子，可设置构成线型的长短及间隔的放大与缩小。【当前对象缩放比例(O)】文本框显示当前对象的线型比例因子。在工程制图中，线型的加载和比例调整是难点，一定要熟练掌握。

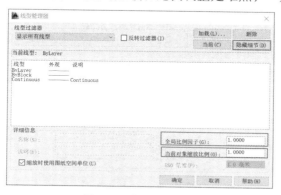

图 2-19　修改比例因子

练一练

请在绘图区绘制一条虚线，并调整好比例。

每个对象都有自己的属性，可以利用【特性】命令或 Ctrl+1 组合键修改对象的各个参数属性，如图 2-20 所示。对象不同，属性也不同。

图 2-20　对象属性设置

【技能训练】

1. 使用坐标的方法来绘制图 2-21 中的基本图形。

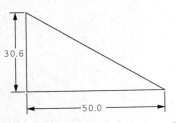
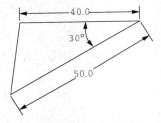
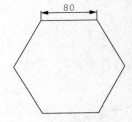

图 2-21　直角坐标与极坐标练习图

2. 完成图 2-22 所示的线的属性练习图。

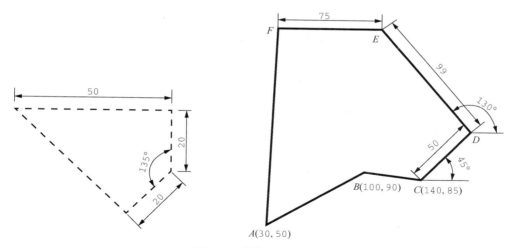

图 2-22 线的属性练习图

【项目概述】

工程设计方案绝大部分内容要通过图纸的形式展现出来，方案好不好，制图的美观与否很重要。通信工程图纸一般采用 A4 幅面横向或纵向方式，图 3-1 和图 3-2 是工程中常用的 A4 图纸外框及图衔的尺寸及要求。要求学完本项目内容后会熟练绘制 A4 幅面的图框及掌握输出打印设置。

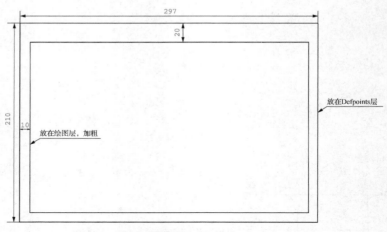

图 3-1　横向制图图框尺寸及要求

图 3-2　纵向制图图框样板

【 课前导读 】

良好的绘图习惯会帮助提升绘图速度。在绘图时，要学会观察点的颜色，并利用这些点来辅助绘图。

工匠是长期受到工业文明熏陶而训练、培育出来的一种专门人才，是在整个专业活动中掌握技能、技艺和技术的人才。工匠精神就是把简单的事情重复做，重复的事情用心做。重复是学习之母，是工匠精神创造的基础。本项目中图纸的输出设置，需要反复练习才能熟练掌握。

【 技能目标 】

1. 会熟练使用夹点、对象捕捉点来辅助绘制对象。
2. 掌握直线、矩形等命令的使用方法。
3. 掌握删除、复制和粘贴命令的使用方法。
4. 掌握图纸的输出打印设置技巧。

【 素养目标 】

1. 有意识地培养使用快捷键输入命令的习惯。
2. 培养勤于动脑、善于思考的习惯。
3. 培养"心—技—道"修行的工匠精神。

【 教学建议 】

项目	任务	子任务	内容介绍	学习方式	建议学时	重难点
项目 3 图框的绘制及图纸输出设置	知识准备（课前）	3.1　夹点、对象捕捉点的功能	1. 夹点的认识与功能 2. 对象捕捉点的认识与功能	线上	1	重点
		3.2　删除、复制、粘贴命令	1. 删除命令 2. 复制及带基点复制命令 3. 粘贴命令	线上		重点
		3.3　其他线的绘制	1. 射线命令 2. 构造线命令 3. 样条曲线命令 4. 云线命令	线上	1	
		3.4　矩形命令	1. 矩形命令 2. 带圆角及倒角的矩形命令	线上		
		3.5　图层特性命令	1. 图层的含义 2. 新建图层 3. 修改图层属性	线上	1	重点

续表

项目	任务	子任务	内容介绍	学习方式	建议学时	重难点
项目3 图框的绘制及图纸输出设置	项目实施（课中）	3.6 直线的快速画法	1. 极轴的设置和使用 2. 自（FROM）命令	线下	1	难点
		3.7 图框的绘制	1. 图框绘制方法 2. 图框尺寸要求	线下		重点
		3.8 图纸输出设置	1. 图层及打印设置 2. 图纸空间、模型空间和布局 3. 页面设置管理器 4. 图纸输出设置	线下	1	重难点
	技能训练（课后）		1. 直线练习图 2. 矩形练习图 3. 出图设置练习	作业		

【知识准备】

3.1 夹点、对象捕捉点的功能

1. 对象夹点

选中对象时会出现蓝色的点标志，这些点称为对象的夹点，如图 3-3 所示。夹点是对象关键点，具有移动、拉伸等功能，在绘图过程中可以利用这些夹点进行快速操作。不同的对象，夹点位置和数量不同，夹点的功能也不同。如直线两头的夹点可以延伸直线，中间的夹点有移动直线的功能；矩形的 4 个夹点有拉伸的功能；圆中间的夹点可以移动圆，外围 4 个象限点上的夹点可以改变圆的大小；椭圆的 5 个夹点和圆的夹点功能类似。

视频资源

3-1 夹点及对象捕捉点

 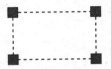 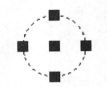

图 3-3 不同对象的夹点

在选中对象的时候，会出现蓝色的对象夹点，鼠标指针靠近某个夹点时（注意不要单击鼠标），会显示绿色，称为对象夹点的预选点（可理解为软件在询问是否选择此点），单击预选点会选中要操作的夹点，此时夹点的颜色变为红色，如图 3-4 所示。

图 3-4 对象夹点的操作

2. 对象捕捉点

在执行某一命令时，鼠标指针靠近某一点时会出现黄色高亮小方块，这个点称为对象捕捉点。注意，鼠标指针处于执行命令状态时才会出现对象捕捉点，鼠标指针处于自由状态时是不会出现对象捕捉点的。图 3-5 中的黄色三角形图标是中点的捕捉点，不同的对象捕捉点的图标是不一样的。捕捉点的开关可以通过【对象捕捉】中的选项进行设置，如图 3-6 所示。

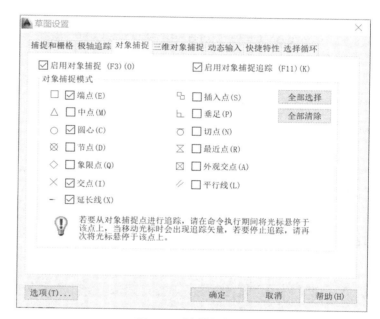

图 3-6 对象捕捉点的设置

图 3-5 对象捕捉点

3.2 删除、复制、粘贴命令

绘制图形时会出现许多多余的线条、重复的结构等，通过 AutoCAD 的图形编辑与修改功能，可简化作图的过程，减少重复操作，缩短绘图时间。下面介绍常用的【删除】、【复制】和【粘贴】命令的使用方法。

1. 删除命令（ERASE/E 或 Delete 键）

【删除】命令用于擦除绘图区域内指定的对象。可以使用以下 4 种方法来激活【删除】命令。

视频资源

3-2 删除、复制、粘贴命令

◆ 在【修改】工具栏中单击【删除】按钮

◆ 在【修改】菜单中选择【删除】命令。

◆ 在命令行输入 E 或 ERASE。

激活【删除】命令后，根据命令栏中的提示，选择要删除的对象（可连续选择要删除的多个对象），在绘图区空白处单击鼠标右键或按 Enter 键结束删除命令。

也可以先选中要删除的对象，然后按键盘上的 Delete 键。这种方法快捷、方便，因此工程制图时一般采用此方法。

2. 复制及带基点复制命令

熟练使用【复制】命令可以帮助工程师加快绘图速度，【复制】命令的激活方式和【删除】命令类似，复制命令的激活方式有以下 3 种。

◆ Copy/CP：只能在一个图形文件中进行多次复制。

◆ Copyclip/Ctrl+C：可在不同图形文件中进行多次复制，基点默认为左下角点。

◆ Copybase/ Ctrl++Shift+C：带基点复制，可选取想要的夹点作为基点复制，可在不同图形文件中进行多次复制。

第一种方式一般不用，Ctrl+C 组合键配合 Ctrl+V 组合键可完成一个对象或多个对象的复制粘贴。某些情况下使用带基点的复制命令能够更加精准和快速地绘图，一定要熟练使用。

3. 粘贴命令

◆ Pasteclip /Ctrl+V：粘贴。

◆ Pasteblock /Ctrl++Shift+V：粘贴为块。

【粘贴】命令的使用方法同【复制】命令，通常与【复制】命令配合使用。Ctrl+Shift+V 组合键可以将多个对象复制成块的形式。

3.3　其他线的绘制

【绘图】菜单里有一些线的命令在通信工程制图中不会经常使用，如射线、构造线、样条曲线、云线等，这里做个简单的介绍。

1. 射线命令（RAY）

【射线】命令用于绘制有一个端点、另一端可无限延伸的辅助线。【射线】命令在【绘图】工具栏中没有快捷图标，可采用从【绘图】菜单或命令行输入的方式打开。使用方法是确定起点和通过点，即两点确定一条射线。

2. 构造线命令（XLINE/XL）

构造线是指在两个方向上可以无限延伸的直线，常用作绘图的辅助线。【构造线】命令用于绘制一条水平、垂直、具有一定角度、平分某个角或偏移一定距离的构造线。命令栏提

视频资源

3-3　其他线的绘制

示如下。

_XLINE 指定点或 [水平(H)/垂直(V)/角度(A)/二等分(B)/偏移(O)]:

3. 样条曲线命令（SPLINE/SPL）

样条曲线是由一组点定义的一条光滑曲线，可以用样条曲线生成一些地形图中的地形线，绘制盘形凸轮的轮廓曲线，绘制作为局部剖面的分界线等。采用【样条曲线】命令绘制曲线，绘制完后可通过夹点进行调整。

4. 云线命令（REVCLOUD）

云线是由连续圆弧组成的多段线，用于在检查阶段提醒用户注意图形中圈出来的部分。

【实例操作演示】

利用【云线】命令绘制一块饼干。

命令:_REVCLOUD
最小弧长: 50　最大弧长: 50　样式: 普通　　　　　　　//注意弧长的设置
指定起点或 [弧长(A)/对象(O)/样式(S)] <对象>:A
指定最小弧长 <50>: 60
指定最大弧长 <60>:回车
指定起点或 [弧长(A)/对象(O)/样式(S)] <对象>:O
选择对象:
反转方向 [是(Y)/否(N)] <否>: N

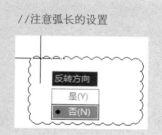

3.4　矩形命令（RECTANG/REC）

视频资源

3-4　矩形命令

【矩形】命令用于绘制具有一定厚度和宽度的矩形，也可以绘制带有圆角或倒角的矩形。【矩形】命令启动的时候命令栏提示如下，一般的矩形只需确定矩形的两对角点位置。

命令: _RECTANG
指定第一个角点或 [倒角(C)/标高(E)/圆角(F)/厚度(T)/宽度(W)]:

连续使用【矩形】命令的时候，一定要注意查看当前矩形模式。如之前绘制了一个宽度为 5 的矩形，现在想绘制细实线的矩形，则需要将宽度设置为 0。命令栏提示如下。

命令:RECTANG
当前矩形模式:　宽度=5.0000　　　　　　　//输入命名的需要注意看清当前的模式
指定第一个角点或 [倒角(C)/标高(E)/圆角(F)/厚度(T)/宽度(W)]:W
指定矩形的线宽 <5.0000>: 0
指定第一个角点或 [倒角(C)/标高(E)/圆角(F)/厚度(T)/宽度(W)]:
指定另一个角点或 [面积(A)/尺寸(D)/旋转(R)]:

带有圆角或倒角的矩形可以用【矩形】命令直接绘制，如图 3-7 和图 3-8 所示；也可以先绘制好直角矩形，然后采用【修改】工具栏中的【圆角】和【倒角】命令修改。

图 3-7 带圆角的矩形

第一倒角：10
第二倒角：15
第一角点：左下角点
第二角点：右上角点

图 3-8 带倒角的矩形

3.5 图层特性命令（LA）

视频资源

3-5 图层特性命令

图层是 AutoCAD 中的主要组织工具，通过创建图层，可以将类型相似的对象绘制到相同的图层上。例如在绘制一间房屋平面图时，可以分别将轴线、墙体、门窗、室内设备、文字和标注等放在不同的图层绘制。这样，一张完整的图就是由图形文件中所有图层上的对象叠加在一起组成的，从而使图形层次分明，更利于对图形进行相应的控制和管理。

图层具有以下 4 个特性，需要好好理解。熟练使用图层来绘制图纸，对工程文件的管理有很大的帮助。

（1）图层就好像是一张张没有厚度的透明胶片，每一张胶片上都绘制有一部分图形内容，然后把这些胶片完全对齐，就形成了一张完整的图。每一层图层可设置各自的颜色、线型和线宽。图层的数量不限，每一层上所能容纳的图形要素也不限。

（2）系统自动定义了一个名为"0"的初始图层，颜色为白色，线型为实线。不能删除或重新命名该图层，也最好不要改动其颜色、线型。用户应按需要创建多个新图层来组织图形，而不应将全部图形都绘制在 0 图层上。

（3）同一幅图的所有图层都具有相同的坐标系、绘图界面和缩放比例，各图层之间精确地相互对齐。

（4）当前作图使用的图层称为当前层，当前层只有一个，可以根据需要进行切换。

通过选择【默认】→【图层】→【图层特性】命令或在命令行输入 LA 或 LAYER，打开【图层特性管理器】对话框。熟练使用图层可以帮助用户更快地设计图纸，输出打印时也非常方便。可在【图层特性管理器】对话框中新建图层、删除图层，将某个图层置为当前，设置图层的状态及图线的各参数，如图 3-9 所示。

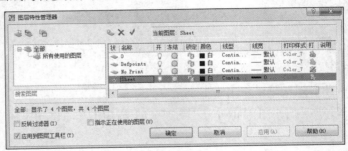

图 3-9 图层的设置

CAD 中 0 层是系统默认图层，不能改名和删除，但可以更改其特性。在 0 层创建的块文件具有随层属性，即在哪个图层插入该块，该块就具有插入层的属性。不要在 0 层绘图，尽量不用白线绘图（尽量把白色留给 0 层），因为若将图都画在 0 层上，容易导致图层混乱，不利于分层管理。若在绘图中用了 0 层，而且被其他文件调用，因为 0 层中包含线条，所以会导致 0 层混乱，最后可能连绘图者都分不清某条（些）线所表达的意思了。因此，建议尽早养成不在 0 层绘图的习惯。

Defpoints 层为非打印层，该层中的对象在打印时均不会被打印出来。因此在绘图时，要注意对象所在的层不要放错。

开/关图层：单层图层名称右侧的类似灯泡的图标可以开启或者关闭某一图层，从而使该图层中的图形不显示或者显示。

冻结图层：冻结主要就是隐藏，用户不能对被冻结图层中的对象做任何操作。

锁定图层：锁定图层中的内容，使其可见但是不能修改，可以打印。

可以使某个图层统一显示，改变图层的颜色、图层的线型和图层的线宽。可修改与选定图层相关联的打印输出样式，即打印图形时各项属性的设置。

关于图层的使用，需要注意以下 3 点。

（1）给图层命名时，最好用英文缩写，少用汉字。

（2）根据自己的专业需求合理设置图层数量，且宜少不宜多。

（3）对象属性（颜色、线型、线宽）一律随层，便于修改对象。

视频资源

3-6　直线的快速画法

【项目实施】

3.6　直线的快速画法

在项目 2 中学习了利用坐标来绘制直线，这是直线的基本画法，在实际制图时，会采用极轴及【自】命令来快速绘制直线。

1. 极轴的设置和使用

鼠标右键单击状态栏中的【极轴】按钮，如图 3-10 所示，打开【草图设置】对话框，如图 3-11 所示。

图 3-10　鼠标右键单击【极轴】按钮

极轴打开后，绘图的时候会出现水平和垂直两个方向上的虚线，这个虚线就是默认设置中的 90° 增量的极轴，如图 3-12 左图所示。也可以新建附加角来设置特殊角度的极轴，图 3-12 右图中设置了 45° 的极轴，在绘图的时候，在 45° 方向会出现一条虚线，即 45° 极轴。

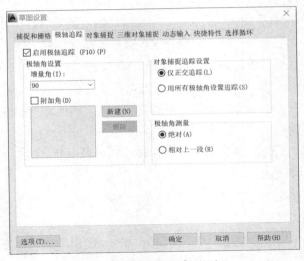

图 3-11 【草图设置】对话框

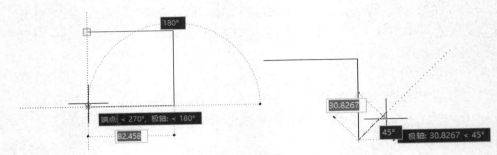

图 3-12 极轴打开时的状态

2. 自（FROM）命令

为了方便精确定位，AutoCAD 提供了多种捕捉方式，打开【草图设置】对话框，打开极轴后，再打开【捕捉】工具栏或按 Shift+鼠标右键打开捕捉的快捷菜单时，会发现一个【自】命令，如图 3-13 所示。它的应用主要有两种：直接用来定位点；在拉伸 STRETCH 当中的应用。

图 3-13 【自】命令

在平时使用定位点的时候，选择【自】命令后，会提示基点；选择一点作为基点后会提示偏移，拖动鼠标指针确定方向；输入一个偏移值（相对坐标，坐标前加@），即可定位点。

【自】命令通常可以在以下两种情况下使用：在绘图时直接将点定位到距离某个点一定距离的位置；利用拉伸 STRETCH 功能将图形拉伸到一定的尺寸。

【自】命令是一个嵌入式命令，不能直接使用。可在执行其他命令时，需要找点而不能直接定点，但又知道需要定的点与某个点的位置关系时，采用【自】命令定点。

3.7　图框的绘制

在绘制通信工程图纸时，首先需要绘制图纸的外框、图框及图衔，图纸尺寸要求如图 3-1 和图 3-2 所示。

视频资源

3-7　图框的绘制

（1）纸张大小。通信工程图纸一般采用 A4 幅面，可用【矩形】命令绘制横向（297mm×210mm）或纵向（210mm×297mm）的 A4 纸的边框，并放在 Defpoints 层，这个纸框是不需要打印出来的。

（2）制图框。纸框绘制好后，再绘制图框，图框距纸框需要有一定的边距，一般为 20mm×10mm×10mm×10mm，即装订册预留距离为 20mm，其他非装订册预留距离为 10mm，并加粗（线宽为 0.4mm 或 0.5mm）。

（3）图衔线条的绘制。图衔位于图框的右下角，标准尺寸为 180mm×30mm。图衔外框必须要加粗，线宽与图框一致，内部线条为细实线。

3.8　图纸输出设置

1. 图层及打印设置

软件一般会自带 Defpoints 层，不用新建，但是有时需要激活一下。这个层是软件能够识别的，默认为非打印层，如图 3-14 所示。

视频资源

3-8　图纸输出
设置

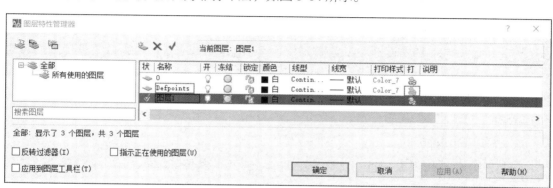

图 3-14　Defpoints 层

2. 图纸空间、模型空间和布局

图纸空间和模型空间都是一种载体，模型空间承载几何对象构成的图形，图纸空间承载视图、标注、注释及图框，还包括页面设置。视图、标注、注释及页面设置等在图纸空间里调整、安排的过程称为布局，同时布局也指这种调整、安排的结果。

3. 页面设置管理器

打开【布局】窗口，选择【页面设置管理器】命令，如图 3-15 所示，进入【页面设置】对话框，修改选中的布局空间的页面设置，如图 3-16 所示。其中需要说明的是，【打印样式表】下拉列表框中的"acad.ctb"样式为原图打印及出图样式（彩色），"monochrome.ctb"为黑白打印及出图样式（黑白色）。

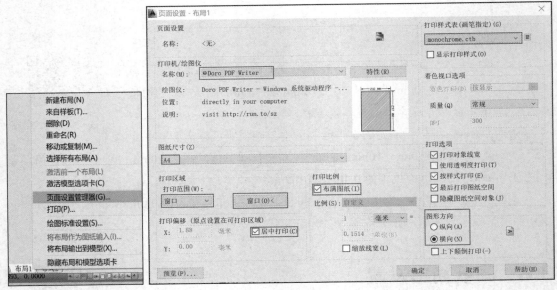

图 3-15　布局空间　　　　　　　　　图 3-16　【页面设置】对话框

也可以通过【布局】窗口中的【打印】命令设置打印输出选项，但是这种方式仅对单次打印有效，下次打开文档若还想以同样的设置进行打印，则必须重新设置。

当然也可以在【模型】窗口中设置打印选项，但是当一个设计文档有好几个设计图纸时，打印输出就不方便，每张图纸都需要进行设置。

因此，当一个项目的设计图纸绘制好后，建议在【布局】窗口中为每个设计图纸新建一个布局，并依次在【页面设置】对话框中设置好打印选项，待需要时直接打印输出即可。效果如图 3-17 所示，以窗口的形式选择打印区域，设置好后，此区域在布局中呈高亮显示。

4. 图纸输出设置

绘制好图框、图衔后，做好页面布局，以窗口的形式选择纸框的大小，打印区会将绘制好的图高亮显示，如图 3-18 所示。

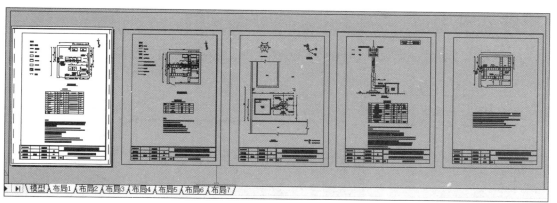

图 3-17 设置好页面布局

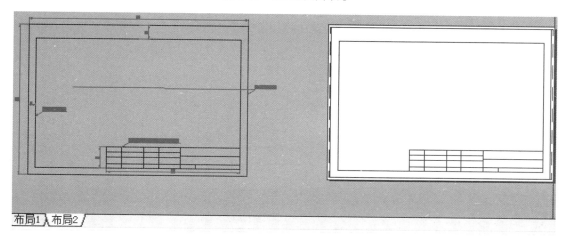

图 3-18 布局中设置好页面设置管理器参数

可以预览页面，观察设置管理器中的参数是否设置正确，也可以看出纸框、图框、图衔的图层有没有设置正确。图 3-19 是打印预览的效果图，左图中的纸框图层设置错误，没有放在 Defpoints 层，正确的图层设置效果如图 3-19 右图所示。

图 3-19 纸框未放在（左图）与放在（右图）Defpoints 层的打印预览效果图

【技能训练】

1. 根据图 3-20 中的尺寸绘制图形。线条为实线，颜色为红色，宽度为 0.4mm。

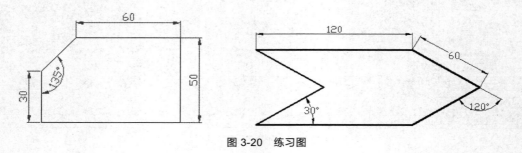

图 3-20　练习图

2. 根据图 3-21、图 3-22 中的尺寸绘制图形。线条为实线，颜色为红色，宽度为 0.4mm。

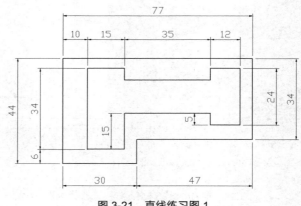

图 3-21　直线练习图 1

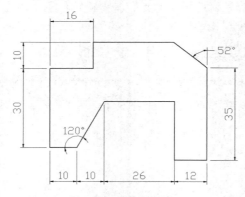

图 3-22　直线练习图 2

3. 根据图 3-23 中的尺寸绘制图形。

4. 在一个文档中绘制 4 个纵向图框（只绘制纸框、图框和图衔线条），如图 3-24 所示，并对它们进行图纸的输出设置。

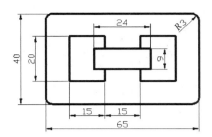

图 3-23　矩形练习图

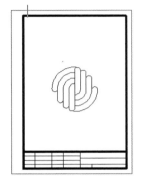 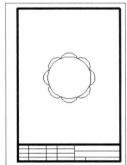 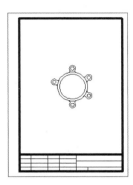 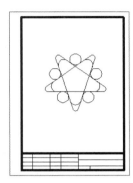

图 3-24　纵向制图

项目4 指北针的绘制

【项目概述】

指北针是一种用于指示方向的工具，广泛应用于各种方向判读，如航海、野外探险、城市道路地图阅读等领域，也是登山探险不可或缺的工具。指北针的基本功能是利用地球磁场作用，指示北方，它必须配合地图寻求相对位置才能明了自己身处的位置。它与指南针的作用一样，磁针的北极指向地理的北极，利用这一性能可以指示方向。但是在世界一些地方，指南针也叫作指北针。

完整的草图或正式图纸不能缺少方向标，方向标对于工程图纸来说就像眼睛对于人那么重要，通信工程图纸中一般所画方向标是指北针。

【课前导读】

本课程课后需要多练习，才能够熟练掌握各种绘图技巧。所以需要加强学习，提高自己，做一个勤奋的人。若要成为具备良好绘图习惯及技巧的人才，需要刻意练习，需要在"勤"字上下功夫，具体做到"四勤"，即勤张嘴、勤使眼、勤用脑、勤动手。"勤张嘴"就是要勤问，虚心请教。"勤使眼"就是要多观察，多学习。"勤用脑"就是平时多思考，不断提高技能水平。"勤动手"就是要多做、多练。

计算机水平有限的同学，更要勤练，勤能补拙。贝多芬，著名音乐家，他的耳朵竟然失聪了，可是他并没有因此放弃，反而付出了比别人多十倍、一百倍，甚至一千倍的努力！跌倒了，再爬起来；失败了，再重新来过。他就是这么勤奋，这么坚持不懈，所以他成功了，成了一个举世闻名的伟大的音乐家。

【技能目标】

1. 熟练使用多段线、圆和椭圆命令绘制图形。

2. 会使用移动和修剪命令对对象进行修改。

3. 会创建块和使用块命令快速绘图。

4. 能对图形进行图案填充操作。

5. 会熟练绘制通信工程图纸中的各种指北针。

【素养目标】

1. 成为一个勤奋的人。

2. 树立勤能补拙的意识。

【教学建议】

项目	任务	子任务	内容介绍	学习方式	建议学时	重难点
项目 4 指北针的绘制	知识准备（课前）	4.1　多段线命令	1. 多段线命令的使用 2. 多段线与直线的区别	线上	1	重点
		4.2　圆命令	1. 圆及圆弧命令的使用 2. 圆环命令的使用 3. 椭圆及椭圆弧命令的使用	线上	1	
		4.3　移动命令	移动命令的使用	线上		
		4.4　块操作	1. 创建块 2. 写块 3. 插入块	线上	1	重点
		4.5　修剪命令	1. 修剪命令的使用方法 2. 延伸命令的使用方法	线上+线下	1	重难点
		4.6　图案填充命令	1. 图案填充 2. 渐变色填充	线上		
	项目实施（课中）	4.7　绘制一个箭头	1. 用多段线绘制箭头 2. FILL 命令的使用	线下	1	
		4.8　绘制简易指北针	任意方向指北针的绘制	线下		
		4.9　绘制指北针图标	各种指北针图标的绘制	线下	1	
	技能训练（课后）		1. 多段线命令的练习 2. 圆及椭圆命令的练习 3. 图案填充命令的练习 4. 修剪命令的练习	作业		

【知识准备】

视频资源

4-1　多段线命令

4.1　多段线命令（PLINE /PL）

　　【多段线】命令用于绘制包括若干直线段和圆弧的多段线，整条多段线可以作为一个实体统一进行编辑。另外，多段线可以指定线宽，因而对于绘制一些特殊形体（如箭头等）很有用。可以使用以下 3 种方法激活【多段线】命令。

◆ 在【绘图】工具栏中，单击【多段线】按钮。

◆ 在【绘图】菜单中选择【多段线】命令。

◆ 在命令行中输入 PL 或 PLINE。（推荐使用此方法，这样会加快绘图速度。）

案例：使用【多段线】命令绘制线宽为 10mm 的一条直线。

系统默认【多段线】命令绘制的线段为直线，宽度为 0。若要绘制具有宽度的线段，则需要对其进行设置，操作步骤如下。

```
命令：PLINE                                          //输入 PLINE
指定起点：                                           //任取一点作为多段线起点
当前线宽为 0.0000                                     //注意当前多段线的宽度
指定下一个点 [圆弧(A)/半宽(H)/长度(L)/放弃(U)/宽度(W)]:w    //绘制怎样的多段线
指定起点宽度<0.0000>:5                                 //绘制一条宽为 5 的多段线
指定端点宽度<5.0000>:                                  //回车
指定下一个点或[圆弧(A)/半宽(H)/长度(L)/放弃(U)/宽度(W)]:     //按 Enter 键结束命令
指定下一点或[圆弧(A)/闭合(C)/半宽(H)/长度(L)/放弃(U)/宽度(W)]:
```

用【直线】命令绘制的图形也可用【多段线】命令绘制，但是两者有如下不同之处。

◆ 用【直线】命令连续绘制的直线为多个对象，用【多段线】命令绘制的连续直线为一个对象。

◆ 【多段线】命令除了可以绘制直线外，还可以绘制圆弧。

◆ 【多段线】命令除了可以绘制起点和端点一样粗细的直线，还可以绘制起点和端点宽度不一样的线段。

4.2 圆命令（CIRCLE/C）

1. 圆命令（CIRCLE/C）

圆是一种比较常见的基本图形单元，可以使用以下 3 种方法激活【圆】命令。

◆ 在【绘图】工具栏中单击【圆】按钮。圆的绘制有多种方法，在绘制的过程中要清楚已知圆的哪些参数，从而选择相应的命令绘制圆。

```
指定圆的圆心 或 [三点(3P)/两点(2P)/相切、相切、半径(T)]:
```

3P 是已知圆上 3 点来绘制圆；2P 是已知圆的直径来绘制圆；T 是已知圆和两个对象相切，且已知目标圆的半径来绘制圆。

◆ 在快捷工具栏【绘图】中选择【圆】命令。这时需要确定绘制圆的已知条件，如图 4-1 所示，具体画法如图 4-2 所示。

◆ 在命令行输入 C 或 CIRCLE。（推荐使用此方式。）

选择【相切，相切，半径】命令时，需要注意切点的选择，因为圆的相切有内切和外切之分，具体可听课程资源中的视频讲解。

视频资源

4-2 圆及圆弧命令

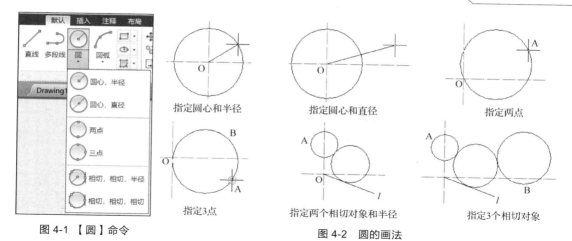

图 4-1　【圆】命令

图 4-2　圆的画法

（上排从左到右）指定圆心和半径　　指定圆心和直径　　指定两点

（下排从左到右）指定3点　　指定两个相切对象和半径　　指定3个相切对象

2. 圆弧命令（ARC/A）

圆弧可以看成圆的一部分，圆弧不仅有圆心，还有起点和端点。因此，可通过指定圆弧的圆心、半径、起点、端点、方向或弦长等参数来绘制圆弧。【圆弧】命令可通过在命令行输入 A 或 ARC 来激活。

AutoCAD 提供了 11 种画圆弧的方法，如图 4-3 所示。

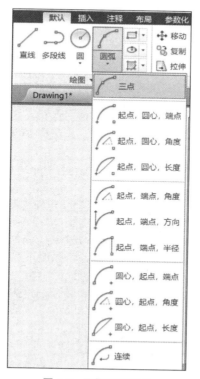

图 4-3　画圆弧的方法

圆弧的绘制方法比圆更多，比较难掌握，需要熟练掌握。图纸中如需要绘制圆弧，可以先绘制圆，然后截取圆的一部分得到圆弧。

3. 圆环命令（DONUT/DO）

【圆环】命令绘出的图形是一个对象，可配合 FILL 命令对内部进行填充，如图 4-4 所示。

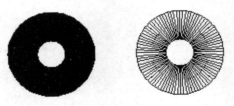

图 4-4　圆环

4. 椭圆及椭圆弧命令（ELLIPSE/EL）

椭圆有长轴、短轴、中心点这 3 个参数，如图 4-5 所示。在 AutoCAD 中，只有中心点、轴和半轴的概念，没有长轴和短轴的提示。

【绘图】工具栏里椭圆有 3 种绘制方法，如图 4-6 所示。

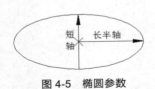

图 4-5　椭圆参数

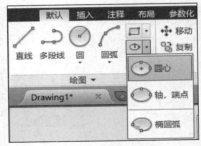

图 4-6　椭圆的 3 种画法

通过在命令行中输入 EL 可激活【椭圆】命令，然后根据已知条件选择相应的绘制方法来绘制椭圆。

```
命令:EL                              //椭圆的快捷键 EL
ELLIPSE
指定椭圆的轴端点或 [圆弧(A)/中心点(C)]:   //根据已知条件选择不同的绘制方法
指定轴的另一个端点:                    //两个端点的长度就是其中一个轴长
指定另一条半轴长度或 [旋转(R)]:         //注意是半轴的长度；也可以输入 R 命令进行旋转，此时
                                    //短轴长=长轴长×cos 角度
```

4.3　移动命令（MOVE/M）

【移动】命令主要用于把单个对象或多个对象从当前的位置移至新位置，并且不改变对象的尺寸与方位。可以使用以下 3 种方法激活【移动】命令。

◆　在【修改】工具栏中，单击【移动】按钮。

◆　在【修改】菜单中，选择【移动】命令。

◆　在命令行输入 M 或 MOVE。

　　【移动】命令在使用的时候要注意，如果对移动的对象放置的位置没有定点的要求，可以选中对象，然后把鼠标指针放在对象上（注意不要放在对象的夹点上），然后移动。如果需要移动到某定点，注意要使用基点来操作。基点就是鼠标指针的附着点。

　　示例：将图 4-7 左图中的小圆移至大圆中，使两圆下面的象限点相切，移动后效果如图 4-7 右图所示。

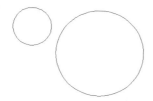

图 4-7　【移动】命令示例

命令：MOVE	//移动命令快捷键为 M
选择对象：找到 1 个	//选择小圆
选择对象：	//按 Enter 键结束选择对象
指定基点或位移：	//捕捉被移动对象的基点，把对象捕捉象限点打开，单击小圆
	//下象限点
指定位移的第二点或〈用第一点进行位移〉：	//将鼠标指针移至大圆下象限点并单击，将圆移动至此

　　工程制图中还可以采用选中对象的夹点（一般是中间的夹点）来移动对象，也可以选中对象移动。采用【移动】命令可移动精确距离。

4.4　块操作

　　在 AutoCAD 绘图过程中经常会使用到相同的图形但属性值都不一样，每次都重新定义太麻烦。因此可以将它们定义成块，然后可以设置块属性，提高绘图速度和准确度。块的作用就是把一个或者几个图形组成一个整体，选中其中一个就能选中所有。在使用块的时候要先创建一个块，创建块有两种命令：创建块和写块。【创建块】命令创建的块只能在当前文档中插入，【写块】命令创建的块既可以在当前文档插入，也可以插入另一个文档中。块操作的命令可以从【块】工具栏中找到，如图 4-8 所示。

视频资源

4-5　块操作

图 4-8　【块】工具栏

1. 创建块（Block/B）

【创建块】命令创建的块只能在同一文档中插入。先绘制将要创建成块的图形，然后打开【块定义】对话框进行设置，如图 4-9 所示。

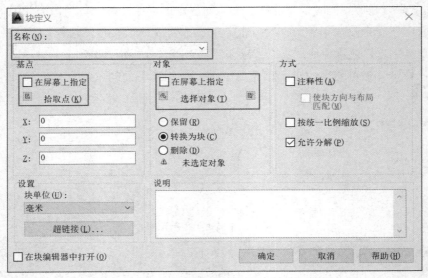

图 4-9 【块定义】对话框

2. 写块（WBlock/W）

【写块】命令创建的块可以在不同的文档中插入，【写块】对话框如图 4-10 所示。【写块】命令也需要配合插入块的命令使用。

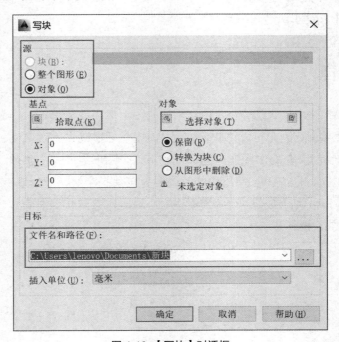

图 4-10 【写块】对话框

3. 插入块（Insert/I）

【插入】对话框可以将创建的块插入当前文档或其他文档中。【插入】对话框如图 4-11 所示。在【名称】下拉列表框中可以选择创建的块，单击【浏览】按钮可以选择【写块】命令创建的块的保存路径。可以修改缩放比例和旋转的角度来改变块的属性。

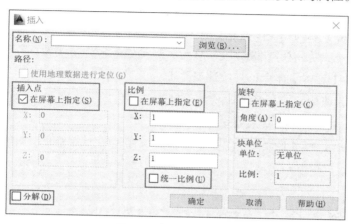

图 4-11　【插入】对话框

【实例操作演示】使用【块】命令绘制 4 个不同方向的箭头，如图 4-12 所示。

图 4-12　使用【块】命令绘制 4 个不同方向的箭头

4.5　修剪命令（TRIM/TR）

1. 修剪命令（TRIM/TR）

使用【修剪】命令可以根据修剪边界修剪超出边界的线条，被修剪的对象可以是直线、圆、弧、多段线、样条曲线和射线等。要注意修剪时，修剪边界与被修剪的线段必须处于相交状态。可以通过【修改】工具栏或菜单来激活【修剪】命令，【修剪】命令的快捷键是 TR。

命令：TRIM	//输入 TRIM
当前设置：投影=UCS，边=无	//显示当前修剪设置
选择剪切边…	//系统提示选择剪切边
选择对象：找到 2 个	//注意，这里的对象是修剪边界的对象
选择对象：	//可以继续选择修剪边界，也可以按 Enter 键结束选择
	//对象
选择要修剪的对象，或按住 Shift 键选择要延伸的对象，或[投影(P)/边(E)/放弃(U)]：	//单击要修剪掉的一侧线段，这里选择的是真正需要修剪 //掉的部分

选择要修剪的对象，或按住 Shift 键选择要延伸的 //可以继续修剪，修剪完成后，按 Enter 键
对象，或[投影(P)/边(E)/放弃(U)]:   //结束命令

注意，【修剪】命令的功能是将某一对象的一部分修剪掉，如果是整个对象都不需要，
请使用【删除】命令。

2. 延伸命令（EXTEND/EX）

【延伸】命令用于延伸指定的对象，使其到达图中所选定的边界。使用【延伸】命令也
需要用户选择延伸边界和被延伸的线段，且两者必须处于未相交状态。可以通过【修改】工
具栏或菜单来激活【延伸】命令，其快捷键是 EX。

【延伸】命令的使用方法和修剪命令是一样的，同样要理解两次选择对象的含义，第一
次是延伸的边界，第二次是真正需要延伸的对象。

【修剪】命令和【延伸】命令可以互用，用法一样，两个命令在使用的时候一定要眼睛
配合手，看着命令栏提示操作。

视频资源

4.6 图案填充命令（BHATCH/H）

4-7 图案填充
命令

【图案填充】命令的功能是填充图形中的一个封闭区域。【图案填充】
命令的快捷键是 H，也可以选择【默认】→【绘图】→【图案填充】命令
激活。执行【图案填充】命令后，会弹出【图案填充创建】菜单，如图 4-13
所示。在该菜单中可以设置填充图案样式、比例、角度等参数，以及设置填充边界和填充方
式等。

图 4-13 【图案填充创建】菜单

图 4-13 中的红色框中的内容是一定要设置的。如果填充的是纯色的【SOLID】图案样式，
则是不用设置比例的。尤其是要注意边界的选择方式，如果需要对某一个封闭的对象进行填
充，可以采用【选择】或【拾取点】的方式选择边界；如果需要填充的封闭区域是由多个对
象圈出来的，一定要采用【拾取点】的方式选择边界。

【图案填充】命令用于美化设计方案，注意只能对封闭的区域进行图案填充，不封闭的
区域无法进行图案填充。

渐变色填充用于填充渐变色，参数设置如图 4-14 所示，同图案填充。

图 4-14 渐变色填充参数设置

【项目实施】

4.7　绘制一个箭头（配合 FILL 命令）

4-8　指北针的
绘制

在通信工程图纸中经常会有箭头的图形，通过前面的学习可以看出，采用【多段线】命令（PL）来绘制箭头会比较快捷和美观。

绘制箭头的难点在于如何快速美观地绘制箭头部分的宽度，这需要在绘图时，左右手及眼睛的配合使用。注意观察鼠标指针上的数值，请看这部分的视频演示。

这里需要提一下 FILL 命令，FILL 命令的使用很简单，只有开（ON）和关（OFF）两种状态，可随意切换。前面绘制了图 4-15 左图所示的箭头样式，默认 FILL 是开的状态，可以在命令行输入 FILL，将其设置成 OFF。此时绘图区的图形并没有什么变化，需要激活【视图】菜单中的【重生成】命令（【重生成】命令的快捷键是 RE），效果如图 4-15 右图所示。

将 FILL 设置为 ON　　　　　　　　将 FILL 设置为 OFF

图 4-15　箭头的绘制

4.8　绘制简易指北针

指北针的方向一般为向上或向左，禁止向右或向下。指北针一般处于图纸的右上方。每张图纸都要有方向标，且指北针方向必须准确。

图 4-16 是图纸中指北针的一种画法，可以旋转前面绘制的箭头来表示指北针的方向。

图 4-16　简易指北针

4.9　绘制指北针图标

除了图 4-16 所示的简易指北针外，还有图 4-17 所示的几种指北针样式。画出这些指北针图形，并在不同的文档中插入指北针。

图 4-17　指北针的不同样式

【技能训练】

1. 按照图 4-18 和图 4-19 中的尺寸绘制图形。

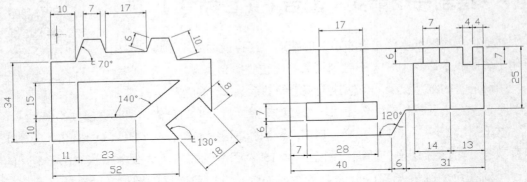

图 4-18 【多段线】命令练习图 1

图 4-19 【多段线】命令练习图 2

2. 根据图 4-20 和图 4-21 中的尺寸绘制图形。

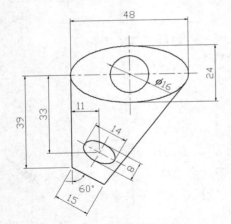

图 4-20 圆和椭圆练习图

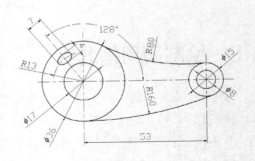

图 4-21 绘制圆、椭圆并修剪练习图

3. 按照图 4-22 和图 4-23 中的尺寸绘制图形。

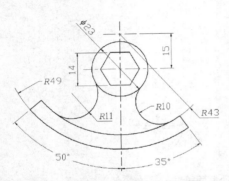

图 4-22 圆和【修剪】命令练习图 1

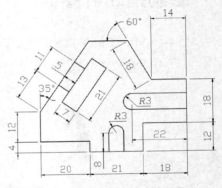

图 4-23 【移动】命令练习图

4. 按照图 4-24 和图 4-25 中的尺寸绘制图形。

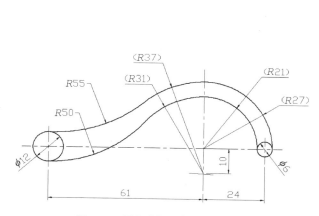

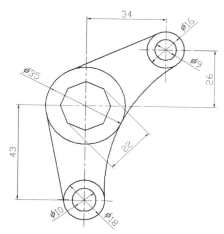

图 4-24　圆和【修剪】命令练习图 2

图 4-25　圆和【修剪】命令练习图 3

5. 绘制图 4-26 所示的标志（从下往上画），好好体会【多段线】命令与【直线】命令的区别。

6. 绘制图 4-27 中的太极图样。

图 4-26　【多段线】命令练习图 3

图 4-27　【修剪】命令及【图案填充】命令练习图

05 项目5　图衔的绘制

【项目概述】

图衔是工程图纸中必不可少的部分，位于图纸的右下角。图衔中应含有图纸名称、图纸编号、设计单位名称、部门主管、总负责人、设计人、审校核人、制图日期、单位及比例等内容。

标准图衔的外框尺寸为180mm×30mm，内框可根据需要进行划分和绘制。也有些设计单位为了图纸的紧凑，缩小图衔的尺寸。在实际工程设计中，每个设计单位的设计图纸的图衔外框大小应该相等，内容基本一致，绘图时可直接拿来用。

【课前导读】

本项目中图衔的线框及内容是具有一定行业要求的，在绘制时要服从行业要求和规范。要树立服从意识，到遵守学校和企业的管理制度和行为规范等。在一个企业中，倘若员工不能做到积极服从，那么不论多么优秀的想法或战略，都得不到贯彻实施，更无法建立到位的管理制度和优质的企业文化，再精干的领导也无法施展才华。因此，员工必须从小事做起，把控好每一个环节，服从上级的领导和指挥，遵守企业的规章制度，保证企业有序运转，员工的价值也能得以实现。本项目可以采用线上线下、全线下或全线上的授课模式，要达到良好的教学效果和学习效果，学生必须服从教学团队的安排。

【技能目标】

1. 学会文字样式的设置。
2. 学会绘制工程图纸中的图衔。
3. 学会快速输入文字的方法，并能美观排版。

4. 能按照通信工程制图的要求与对文字的统一规定对图纸文字进行设置。

【素养目标】

树立服从意识。

【教学建议】

项目	任务	子任务	内容介绍	学习方式	建议学时	重难点
项目 5 图衔的绘制	知识准备（课前）	5.1 点命令	1. 点样式命令 2. 单点及多点命令 3. 定数等分及定距等分	线上	1	
		5.2 文字样式命令	1. 文字字体的设置 2. 文字高度及宽高比的设置	线上	1	重点
		5.3 单行文字命令	1. 单行文字命令 2. 单行文字中特殊字符的输入	线上		
		5.4 多行文字命令	1. 多行文字命令 2. 多行文字的输入	线上		重点
	项目实施（课中）	5.5 图衔线条的绘制	1. 标准图衔的要求 2. 图衔的绘制	线下	2	
		5.6 图衔内容的输入	1. 基本内容的输入 2. 快速输入文字内容的方法	线下		重点
	技能训练（课后）		1. 文字的输入练习 2. 图衔的绘制练习	作业		

【知识准备】

视频资源

5-1 点样式及点命令

5.1 点命令（POINT/PO）

1. 点样式命令（DDPTYPE）

【点】命令用来绘制点对象。点可以作为对象捕捉的节点，可以相对于屏幕或使用绝对单位设置点的样式和大小。选择【格式】→【点样式】命令，打开【点样式】对话框，其中主要设置点的样式及显示的大小，如图 5-1 所示。

在绘图时，经常需要先指定对象的端点或中心点，以此作为绘图的辅助点或参照点。在这里，用户可以根据实际需要来创建不同的点。默认情况下，点对象显示为一个小圆点。

图 5-1 【点样式】对话框

2. 点命令（POINT/PO）

一般用【点】命令来做标记或分割对象，有 4 种命令，分别如下。

◆ 单点：绘制单个点。

◆ 多点：连续绘制多个点，直到按 Esc 键结束。

◆ 定数等分（Divide）：把指定对象平均分成几份。例如对一段直线和圆进行定数等分，如图 5-2 所示。注意：实际绘图时，因为输入的是等分数，而不是放置点数，所以如果将所选对象分成 N 份，则实际只有 $N-1$ 个点；另外，每次只能对一个对象进行操作，不能对一组对象进行操作。

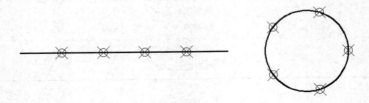

图 5-2 定数等分

◆ 定距等分（Measure）：按照一定的尺寸把指定对象分成若干份。例如将一段直线定距等分，如图 5-3 所示。注意：实际绘图时，放置点的起始位置从离对象选取点较近的端点开始；另外，如果对象总长不能被所选长度整除，则绘制点到对象端点的距离将不等于所选长度。

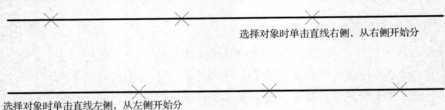

图 5-3 定距等分

❖ 做一做：绘制一个五角星，如图 5-4 所示。

图 5-4　五角星示例

5.2　文字样式命令（STYLE/ST）

在使用 AutoCAD 制图时，经常需要进行文字输入，用于说明图样中未表达出的设计信息。文字主要有数字、字母和汉字等。图中每个文字都有自己的文字样式，文字的字体、大小等都由该文字的文字样式所决定。一般输入文字之前要确定文字样式并将其设为当前文字样式，然后进行文字输入。

视频资源

5-2　文字样式及文字输入

【文字样式】命令的快捷键为 ST，用于定义新的文字样式，或者修改已有的文字样式，以及设置图形中输入文字的当前样式。也可以在选择【格式】→【文字样式】命令或在【样式】工具栏中单击【文字样式管理器】按钮，打开【文字样式】对话框进行设置，如图 5-5 和图 5-6 所示。

图 5-5　【文字样式】命令启动

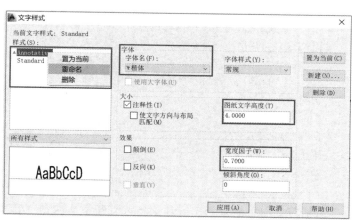

图 5-6　【文字样式】对话框

【文字样式】对话框中一般要设置文字的【样式】、【字体】、【图纸文字高度】和文字的【宽度因子】。【样式】的设置注意不要随意取名，要见名知义。设置【字体名】前要将【使用大字体(U)】前的对钩去掉，再选择宋体、黑体、楷体或仿宋等常用的字体（注意选择没有@符号的字体名，有@符号的字体输入时文字是竖着排列的，如图 5-7 所示），英文和符号可选择 Times New Roman。【图纸文字高度】即文字的大小，A4 纸张的文字大小约为 2.5。【宽度因子】就是文字的宽窄，为了美观，通信工程制图中一般设置为 0.7。

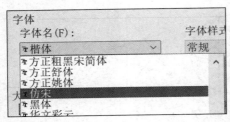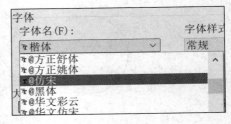

图 5-7　字体名的设置

在输入文字前就要设定文字样式，图中已用到的样式不能删除。如想在一幅图形中使用不同的字体，必须事先定义不同的文字样式。整个图纸甚至整个项目的图纸字体名和宽度因子尽量统一，可以用不同的文字大小和颜色来区分不同种类的文字标注。

5.3　单行文字命令（DTEXT/DT）

使用【单行文字】命令输入文字，其每行文字都是独立的对象，可以单独进行定位、调整格式等编辑工作。从【文字】工具栏或选择【绘图】→【文字】命令来激活【单行文字】命令，也可以输入快捷键 DT 来激活【单行文字】命令。在使用【单行文字】命令时要注意设置对齐方式及文字样式。

```
命令：_DTEXT
当前文字样式：Standard  当前文字高度：2.5000          //一定要注意当前的文字样式和高度
指定文字的起点或 [对正(J)/样式(S)]：J                //设置文字对齐方式
输入选项[对齐(A)/调整(F)/中心(C)/中间(M)/
右(R)/左上(TL)/中上(TC)/右上(TR)/左中(ML)/正中
(MC)/右中(MR)/左下(BL)/中下(BC)/右下(BR)]：MC         //以正中方式对齐
指定文字的中间点：
指定高度<2.5000>：3                                  //指定文字字高
指定文字的旋转角度<0>：                              //按 Enter 键，不旋转文字
输入文字：通信工程制图                              //输入第一行文字"通信工程制图"
输入文字：AutoCAD                                    //输入第二行文字"AutoCAD"
输入文字：                                          //按 Enter 键结束命令
```

【单行文字】命令用于标注一行或几行文本，每一行文本作为一个对象。在单行文字中标注特殊字符（如"。"、"±"）以及需要在文字的上方或下方加线时，由于这些特殊字符并不能直接从键盘上输入，因此 AutoCAD 提供了相应的控制符，以满足标注特殊符号的需要。AutoCAD 的控制符通常由 2 个百分号（%%）和一个字符构成。表 5-1 列出了 AutoCAD 的常用控制符。

表 5-1　　　　　　　　　　　　　　　　　常用控制符

控制符（不区分大小写）	功能	控制符（不区分大小写）	功能
%%O	上划线开关	%%P	标注正负公差符号
%%U	下划线开关	%%C	标注直径符号
%%D	标注度符号	%%%	标注百分号

5.4 多行文字命令（MTEXT/T 或 MT）

【多行文字】命令在输入大量文字时比较方便，其编辑方法与 Word 比较相似，一般比较容易上手。它与单行文字的区别在于所标注的多行文字是一个整体，可以进行统一编辑，因此【多行文字】命令与【单行文字】命令相比，更灵活、方便，它具有一般文字编辑软件的各种功能。但是要注意文字的字体、大小等的设置及排版。输入【多行文字】命令的快捷键 T，打开图 5-8 所示的文字输入框和【文字编辑器】菜单及工具栏。在文字输入框中输入相应的文字后，单击"确定"按钮即可创建多行文字。

图 5-8 多行文字输入框和【文字编辑器】菜单

【项目实施】

视频资源

5-3 图衔的绘制

5.5 图衔线条的绘制

在通信工程设计图纸中图衔必须要按照规定尺寸绘制。图衔的尺寸及要求如图 5-9 所示。

1. 标准图衔尺寸要求：180mm×30mm；
2. 图衔外框加粗，线条宽度同绘图框，图衔里面线条为细实线。

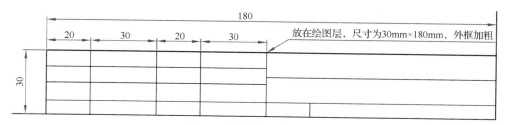

图 5-9 图衔的尺寸及要求

5.6 图衔内容的输入

按照标准图衔的尺寸要求绘制好图衔的线条，根据图 5-10 所示输入图衔内容，具体绘制方法与技巧可扫描课程中的视频资源二维码学习。

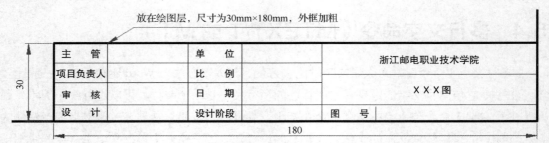

放在绘图层，尺寸为30mm×180mm，外框加粗
主　管
项目负责人
审　核
设　计
单　位
比　例
日　期
设计阶段
浙江邮电职业技术学院
X X X图
图　号
30
180

图 5-10　标准图衔

【技能训练】

1. 用【单行文字】命令输入%40、ϕ50、移动通信技术、±8 等。
2. 请在 A4 图幅中输入下列说明文字。

说明：

1. 本基站位于杭州市滨江区浦沿街道横塘里村西边闻涛路附近之江水泥厂房边空地；
2. 本基站为 GSM18 期新建基站，GSM BTS 采用 4/4/4 配置，DCS BTS 采用 6/6/6 配置，采用华为 BTS3900 设备；
3. 本基站采用高频开关组合电源 1 架，配置 30A/-48V 整流模块 8 块；
4. 本基站采用华达 6GFM500 500Ah/-48V 蓄电池组 2 组，采用 4 层 1 列卧放方式安装；
5. 本机房为地面自建机房，机房高度为 3.3m；
6. 机房有 TD 和 LTE 机柜的预留机位；
7. 室外接地铜排 2（安装在室内）材料为 TMY-100×10，长度为 300mm，铜排短边的上沿距内地 2300mm，与走线架间隔 200mm，铜排垂直安装。

3. 结合图 3-1 和图 5-11 绘制横向图纸及图衔（含内容）。
4. 结合图 3-2 和图 5-11 绘制纵向图纸及图衔（含内容）。

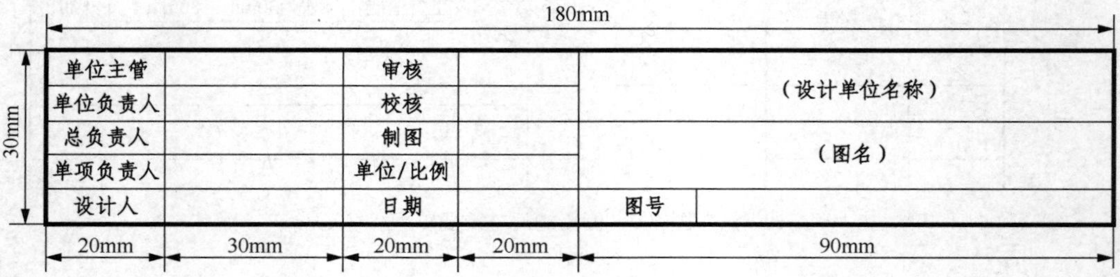

180mm
单位主管
单位负责人
总负责人
单项负责人
设计人
审核
校核
制图
单位/比例
日期
（设计单位名称）
（图名）
图号
30mm
20mm
30mm
20mm
20mm
90mm

图 5-11　图衔样图

06 项目6　工程量列表的绘制

【项目概述】

工程量列表及设备表是通信工程设计图纸中常用的表格，是通信工程项目概预算的基础元素。本项目要求学会在 AutoCAD 中设置表格样式及绘制工程量列表、设备表等表格的方法。

【课前导读】

严谨细致是我国人民在长期的革命斗争和改革实践中形成的优良作风，是最基本的职业道德要求。绘图时要严谨、细致。绘制工程量列表及设备表时，要注意认真核对表格中的每个数据，反复确认，以免影响后续的施工建设工作。

【技能目标】

1. 学会设置表格样式。
2. 掌握工程量列表、设备表等通信工程常用表格的绘制方法。

【素养目标】

1. 培养学生严谨的工作态度。
2. 培养学生踏实的工作作风。

【教学建议】

项目	任务	子任务	内容介绍	学习方式	建议学时	重难点
项目 6 工程量列表的绘制	知识准备（课前）	6.1 表格样式的设置	1. 表格样式：数据、列标题、标题 2. 文字样式，高度的设置 3. 边框特性	线上	1	
		6.2 表格的绘制	1. 插入表格 2. 编辑表格	线上		
		6.3 表格的调整与修改	1. 夹点的功能 2. 合并单元格 3. 特性修改	线上	1	重点
	项目实施（课中）	6.4 工程量列表样式的设置	1. 设置表格样式 2. 输入表格内容 3. 编辑表格	线下	2	重点
		6.5 工程量列表参数的输入	工程量的输入	线下		
		6.6 工程量列表的调整	工程量列表的排版	线下		重点
	技能训练（课后）		1. 表格样式设置练习 2. 绘制机房设备安装工作量表 3. 绘制 GPS 安装工作量表	作业		

【知识准备】

6.1 表格样式的设置

AutoCAD 中可以根据需要绘制表格，如果表内容较多，也可将 Excel 中的表格复制粘贴到 AutoCAD 的绘图区。绘制表格前，需要对表格的样式进行设置，可选择【格式】→【表格样式】命令，或单击【表格】按钮，如图 6-1 所示，或从【绘图】工具栏中打开【表格样式】对话框，如图 6-2 所示。

使用【表格样式】对话框，可以新建表格样式，也可以修改已有表格样式中的参数。在通信工程图纸的绘制过程中，建议新建一个表格样式，不建议在标准的表格样式上修改。设置个性化表格样式参数时可参考标准表格样式中的参数。

【修改表格样式】对话框如图 6-3 所示，有数据、列标题和标题 3 个单元样式，每个单元样式中的参数含义相同，这里以数据的参数设置为例，介绍表格样式中参数的设置。

视频资源

6-1 表格样式的设置及表格的绘制

图 6-1 创建表格

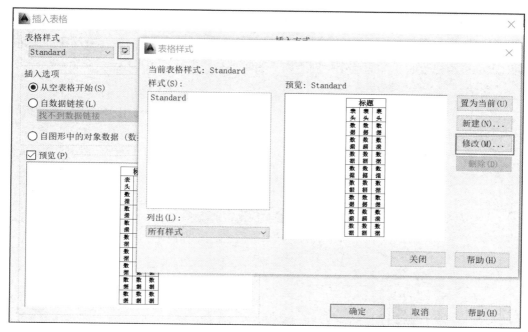

图 6-2　【表格样式】对话框

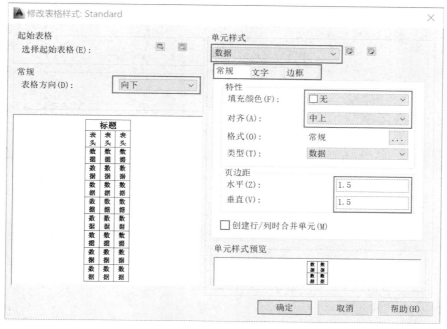

图 6-3　【修改表格样式】对话框

1. 常规

【常规】选项卡中可设置表格是朝上还是朝下绘制，默认是朝下绘制表格，这也是常用的表格方向。该选项卡中还可设置表格单元格中填充的颜色、数据的对齐方式、数据类型；还可设置表格中单元格文字与边框的水平和垂直间距，默认均为 1.5，这个值适用于 A4 图幅中的表格绘制。如图幅有缩放，这个参数是需要按照比例调整的。

这里需要注意的是，当单元垂直边距和文字高度设置好后，表格的最小行间距就确定了。后期对表格进行修改时，如需减小行间距，一般需要减小文字高度的值。

2. 文字

【文字】选项卡中可以设置文字样式、文字高度及文字颜色。其中文字样式的设置尤为重要，设置方法如图6-4所示。

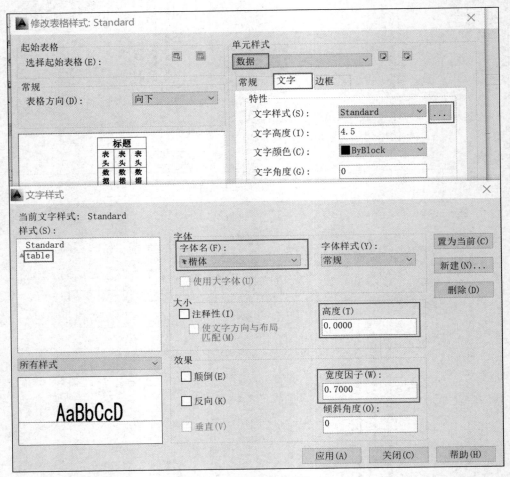

图6-4　表格中文字样式的设置

这里要注意以下两点。

【文字样式】对话框中文字高度建议设置为0，表格中的文字高度在【单元特性】对话框中设置。如果在【文字样式】对话框和【单元特性】对话框中都设置了文字高度，则以【文字样式】对话框中的文字高度值为准，【单元特性】对话框中的文字高度值无效。为了加快绘图速度，建议在【单元特性】对话框中设置文字高度。

设置好文字样式后，不要忘记选定该文字样式。具体操作过程如图6-5所示。

3. 边框

【边框】选项卡中可以对表格的单元格是否需要边框、边框的线型及颜色进行设置，如图 6-6 所示。

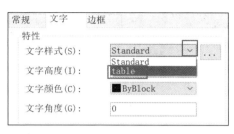

图 6-5　表格中文字样式的选择

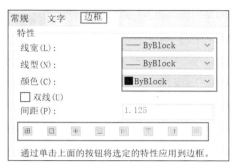

图 6-6　表格边框特性的设置

6.2　表格的绘制

当表格样式设置好后，可通过【插入表格】命令，设置插入几列表格及列宽、几行数据及行高。注意是数据行的数量，不包括标题和列标题的。行高默认为 1 行。

下面以绘制一个表 6-1 所示的 3 行 5 列表格为例，学习表格的绘制方法，具体的绘制过程可扫描本节二维码进行学习。

按照图 6-7 所示设置好表格的行列参数后，表格会随鼠标指针移动，将鼠标指针移到需要的位置并单击，弹出表格的标题输入对话框，按照表 6-1 中的内容输入文字，如图 6-8 所示。此时也可以不用输入，以后在表格里双击鼠标左键也可以输入文字。

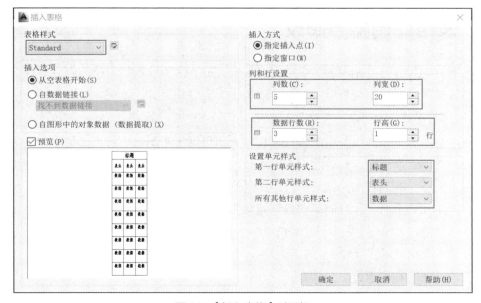

图 6-7　【插入表格】对话框

在表格内容输入的过程中，下面几个快捷键可以帮助快速绘图。

（1）4个方向键：上下左右移动一个单元格。

（2）Tab键：移到下一个单元格；在表格的最后一个单元格中，按住Tab键可添加一行。

（3）Shift+Tab组合键：移到前一个单元格。

（4）Alt+Enter组合键：换行。

表6-1   3×5的表格

标题				
列标题	列标题	列标题	列标题	列标题
数据	数据	数据	数据	数据
数据	数据	数据	数据	数据
数据	数据	数据	数据	数据

图6-8　表格内容的输入

6.3　表格的调整与修改

表格默认的尺寸是等比例的，表格内容编辑完后，常需要根据表格的内容对表格的行间距和列宽等参数进行调整与修改。在这个过程中，需要用到如下功能。

1. 夹点的功能

表格中有两类夹点，一是单击表格线框，会出现图6-9所示的夹点，其中左上夹点具有移动表格的功能；左下夹点具有加大或缩小行间距的功能；右上夹点具有加大或缩小列宽的功能；右下夹点具有同时加大或缩小行间距和列宽的功能。注意，使用左下、右上和右下夹点调整行间距和列宽时，各行间距和各列宽均相等，如需各列宽不等，可通过各列夹点进行调整。还可以通过Ctrl+列夹点来加大或缩小相邻列而不改变表格的宽度。

二是单击表格中的单元格，会出现图6-10所示的4个夹点，可利用这4个夹点调整该单元格所在的行间距和列宽。

图 6-9　表格的夹点

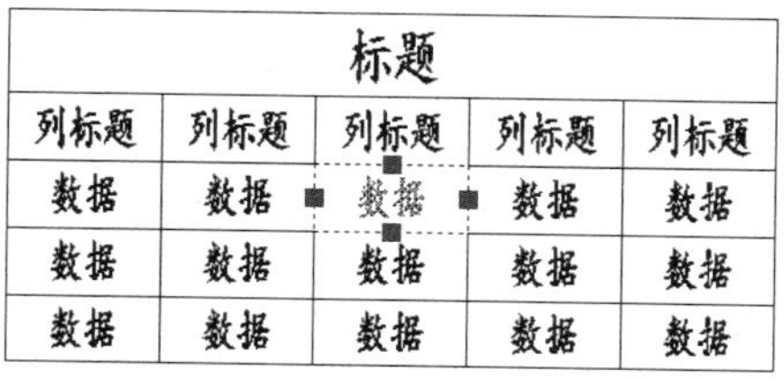

图 6-10　单元格夹点

2. 合并单元格

选中需要合并的单元格，单击鼠标右键，在弹出的菜单中选择【合并单元】→【全部】命令即可合并单元格，如图 6-11 所示。

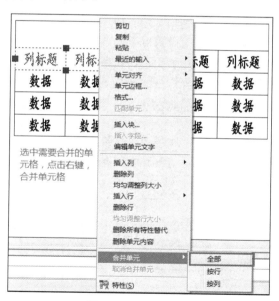

图 6-11　合并单元格

3. 特性修改

在表格中选中一个或多个单元格，单击鼠标右键，会出现包含修改表格或单元格命令的快捷菜单，其中有复制、粘贴、插入或删除行或列、单元对齐方式、单元边框的修改等命令。这里特别介绍一下格式的修改，在输入数值的时候，有时要对数值的类型（如整数还是小数）及精度进行设置，表格单元格式参数的设置如图 6-12 所示。

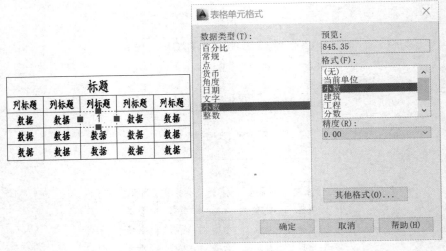

图 6-12　表格单元格式的修改

【项目实施】

视频资源

6-2　工程量列表
的绘制

本项目实施是表格在通信工程设计图纸中的具体应用，绘制表 6-2 所示的主要工程量列表，具体操作过程可扫一扫右边的二维码进行学习。

首先设置表格样式，在表格样式中设置好表格中的文字样式及高度。然后输入表格内容，这个时候不需要对表格进行排版与整理。

表格内容全部输完后，再对表格进行行间距和列宽的调整、数值格式的调整、对齐方式的修改。最后再全观表格，调整表格的整体大小。

表 6-2　　　　　　　　　　　　　　　　　工程量列表

主要工程量列表				
序号	工程内容	单位	数量	备注
1	管道光缆工程施工测量	100 米	1.35	
2	平原地区敷设埋式光缆	千米条	0.012	
3	立 9 米以下水泥杆	根	1	
4	夹板法装 7/2.2 单股拉线	条	1	
5	水泥杆架设 7/2.2 吊线	千米条	0.1456	
6	架设架空光缆	千米条	0.1406	
7	安装引上钢管（杆上）	根	2	
8	敷设 12 芯管道光缆	千米条	0.135	
9	光缆接续（12 芯）	头	1	
10	中继段测试（12 芯）	中继段	1	

6.4 工程量列表样式的设置

首先打开【表格样式】对话框，在【Standard】基础样式上新建一个表格样式，如图 6-13 所示。单击【修改】按钮，打开【修改表格样式】对话框，选择【数据】选项，单击【文字】选项卡，进行文字样式的设置，如图 6-14 所示，然后按照图 6-5 所示选定新的文字样式应用于表格中。按照图 6-15 所示，将【数据】行的【文字高度】设为 3，【表头】中的【文字高度】设为 3.5，【标题】中的【文字高度】设为 4，后续在表格调整的时候可以重设文字高度参数。最后将工程量列表表格样式置为当前。

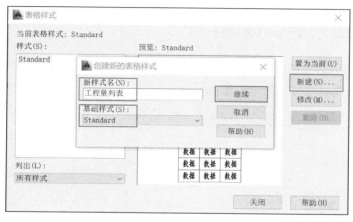

图 6-13　新建表格样式

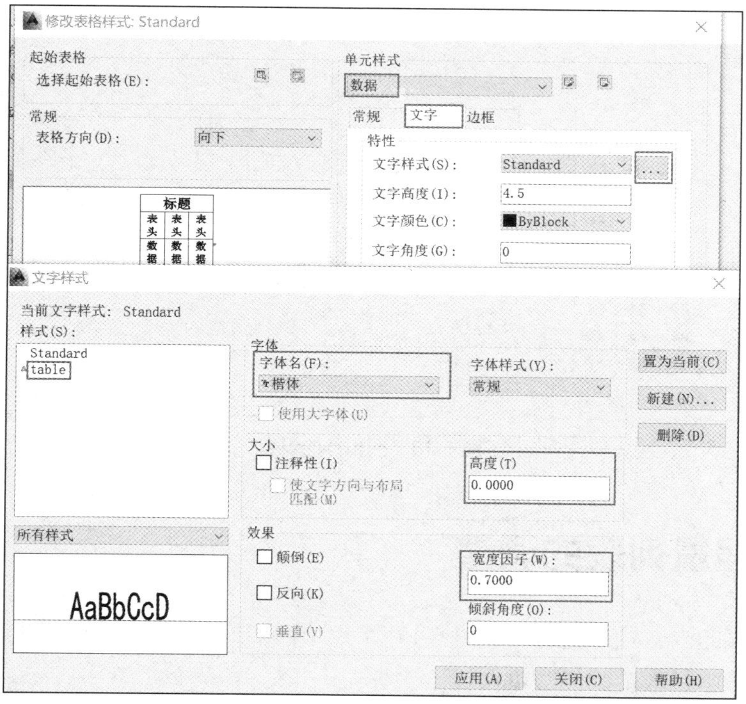

图 6-14　新建文字样式

图 6-15　表格文字样式及高度的设置

6.5　工程量列表参数的输入

表 6-2 所示的主要工程量列表为 10 行 5 列表格，按照图 6-16 所示设置表格的行和列。然后利用方向键、Tab 键等将表格内容输入完整。

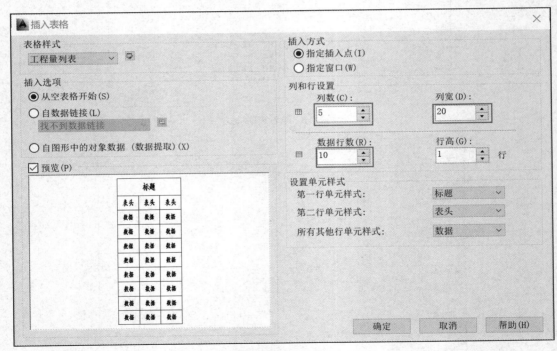

图 6-16　列和行的设置

6.6　工程量列表的调整

工程量列表的内容输入完后，如图 6-17 所示，还需要对表格中的内容进行处理，如序号列的数字应该居中，数量列的数据格式不对等。

主要工程量列表				
序号	工程内容	单位	数量	备注
1	管道光缆工程施工测量	100 米	1.3500	
2	平原地区敷设埋式光缆	千米条	0.0120	
3	立9米以下水泥杆	根	1	
4	夹板法装7/2.2单股拉线	条	1	
5	水泥杆架设7/2.2吊线	千米条	0.1456	
6	架设架空光缆	千米条	0.1406	
7	安装引上钢管（杆上）	根	2	
8	敷设12芯管道光缆	千米条	0.1350	
9	光缆接续（12芯）	头	1	
10	中继段测试（12芯）	中继段	1	

图 6-17　输入表格内容

选中这些序号并单击鼠标右键，选择【对齐】→【正中】命令；选中数量列中的数据，单击鼠标右键，选择【数据格式…】命令，打开【表格单元格式】对话框，如图 6-18 和图 6-19 所示。

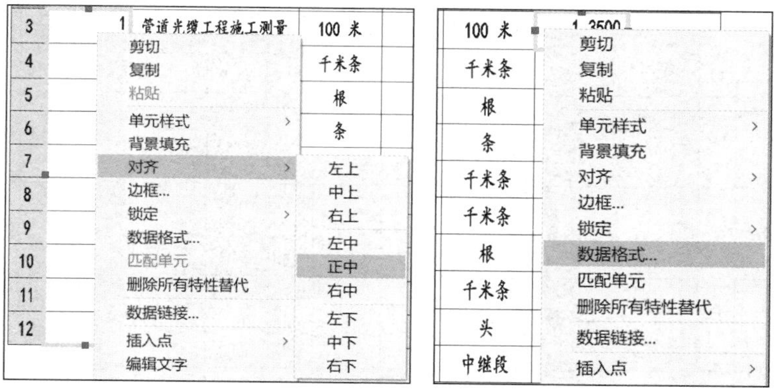

图 6-18　工程量列表调整

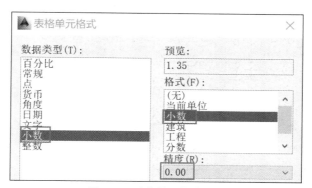

图 6-19　表格单元格式修改

确定表格格式及对齐方式无误后，对表格的大小及位置进行调整。这时要充分利用表格各个夹点的功能。

【技能训练】

1. 设置表格样式，要求如下。

◆ 标题、列标题、数据行的文字均采用"table"文字样式，字体要求黑体，宽高比为 0.7。

◆ 标题行：不设标题行。

◆ 列标题：文字高度为 5，正中对齐方式。

◆ 数据行：文字高度为 3，左中对齐方式，水平和垂直单元边距合适。

2. 在 AutoCAD 中绘制表 6-3 所示的机房设备安装工作量表。

表 6-3　　　　　　　　　　机房设备安装工作量表

编号	名称	符号	单位	容量/配置	总数	新增数	拆除数	安装数	设备尺寸（mm）	设备型号	设备厂家	安装方式 项目归属	备注
1	升压配电盒 3.0PLUS	EPU	架		1	1		1	442（W）× 65（D）× 43.6（H）	EPU02S	华为	嵌入	主设备	
2	直流配电单元	DCDU	架		1				442（W）× 200（D）× 43.6（H）	DCDU-12B	华为	嵌入	主设备	
3	LTE-D 基带板		块				1		442（W）× 310（D）× 86（H）		华为	嵌入	主设备	
4	传输综合架	SDH	架		2				600（W）× 600（D）× 2000（H）			落地	传输	
5	设备柜.		架		2				600（W）× 600（D）× 2000（H）			落地	配套	
6	BTS 主设备	BTS	架						600（W）× 450（D）× 900（H）			落地	配套	
7	高频开关组合电源	MPS	架	600A/-48V	1				600（W）× 600（D）× 2000（H）			落地	铁塔	
8	整流模块		块	50A	3							嵌入	铁塔	
9	蓄电池	BATT	组	200Ah/-48V					600（W）× 700（D）× 398（H）	GFM-200	灯塔	单层 单列 布放	铁塔	
10	蓄电池	BATT	组	500Ah/-48V	2				900（W）× 400（D）× 1564（H）	GFM-500	灯塔	六层 单列 卧放	铁塔	
11	空调	ACI	台	3P	1				530（W）× 330（D）× 1800（H）		三菱	落地	铁塔	
12	交流配电箱	PD	个	100A	1				600（W）× 250（D）× 800（H）			壁挂	铁塔	

3. 在 AutoCAD 中绘制表 6-4 所示的 GPS 安装工作量表。

表 6-4 　　　　　　　　　　　　　　　　GPS 安装工作量表

序号	名称	规格型号	单位	总数	新增数	拆除数	安装数	投资归属	备注 1
1	GPS 北斗双模天线		副	1	1		1	主设备	新增
2	GPS 北斗双模天线线缆	RG-8U	米	12	12		12	主设备	新增
3	GPS 北斗双模天线辅料包	包含 GPS 支架	套	1	1		1	主设备	新增
4	GPS 北斗双模避雷器		套	1	1		1	主设备	新增
5	GPS 接地线	$1 \times 6mm^2$（黄绿线）	米	1.5	1.5		1.5	主设备	新增
6	GPS 北斗双模天线分路器	一分四	套					主设备	
7	GPS 放大器		套					主设备	

07 项目 7　机房平面图的绘制

【项目概述】

通信工程图纸中常用标注对物体进行尺寸说明，或对物体的摆放位置进行定位。设计图纸中正确美观的尺寸标注对于工程施工非常重要，因此要熟练掌握快速标注的技巧。通过对本项目基本知识的学习，读者要能够熟练绘制机房平面图，并能够美观地进行尺寸标注。

一个项目中的标注样式，建议只设置一种。这里的关键是设置全局比例 Dimscale=0，这表示"将标注缩放到布局"。

标注样式中的各种数量（指箭头大小、基线间距、文字高度等）设置，无论是布局（图纸空间）出图，还是模型空间出图，均采用标准样式中的参数设置，千万不要修改。

【课前导读】

本项目中绘制的图纸案例在复杂度上有一定的提升，部分学生会出现浮躁现象。在合适的时候，可以告诉学生："只有静下来，心才会开阔，思路才会清晰，人才会精神。只有调整好心态，才能把握好未来。重点应是：改善自己，成长技能；超越自己，成就事情。"

【技能目标】

1. 学会多线样式的设置，多线的绘制及处理。
2. 熟练掌握偏移和分解命令的使用方法。
3. 理解标准样式中各参数的含义，并能根据需要设置合适的参数值。
4. 能快速绘制机房平面图，并能使标注美观。

【素养目标】

1. 体会在学习、工作和生活中，自我心态调整的重要性。
2. 给予充足的时间，重视对学生完成作品的成就感的培养。

【教学建议】

项目	任务	子任务	内容介绍	学习方式	建议学时	重难点
项目 7 机房平面图的绘制	知识准备 （课前）	7.1　多线命令	1. 多线样式命令 2. 多线命令 3. 多线编辑工具	线上	1	难点
		7.2　偏移命令和分解命令	1. 偏移命令 2. 分解命令	线上	1	
		7.3　标注样式命令	标注样式各参数的含义及设置	线上	1	难点
		7.4　常用尺寸标注	1. 线性及对齐标注 2. 角度标注 3. 半径和直径标注 4. 基线和连续标注 5. 引线标注	线上	1	重点
	项目实施 （课中）	7.5　机房墙体的绘制	1. 多段线+偏移的画法 2. 多线画法	线下	1	
		7.6　机房设备平面图的绘制	1. 墙体馈线窗及孔洞的绘制 2. 设备平面图的绘制	线下	2	
		7.7　机房尺寸及设备位置标注	机房尺寸及设备位置标注	线下	1	重难点
	技能训练（课后）		1. 尺寸标注练习 2. 绘制无线机房平面图	作业		

【知识准备】

7.1　多线命令（MLINE/ML）

　　【多线】命令可以绘制多条（最多 16 条）平行的直线，应用【多线】命令时，一定要注意多线样式的设置和多线的处理。

　　1. 多线样式命令（MLSTYLE）

　　选择【格式】→【多线样式】命令或在命令行中输入 MLSTYLE，进行多线样式的设置。修改多样线式对话框如图 7-1 所示，默认设置为起点终点不封口且平直，多线内部无填充颜色，有两条实线，两条实线间距为 1。

　　2. 多线命令（MLINE/ML）

　　◆　对正：鼠标指针在平行线的哪一侧，有上、下和中心 3 种选项。
　　◆　比例：在默认多线样式下，由于两平行线间距为 1，所以比例的值为平行多线间的距离。

视频资源

7-1　多线命令

◆ 样式：ST，选择要添加的多线样式。

3. 多线编辑工具

双击任何一条多线或选择【修改】→【对象】→【多线】命令，打开【多线编辑工具】对话框，如图7-2所示。

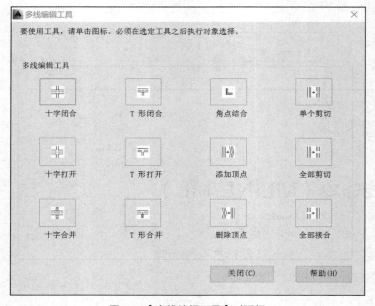

图 7-1 【修改多线样式】对话框

图 7-2 【多线编辑工具】对话框

 练一练

先用【多线】命令绘制图7-3（a）所示的图，然后利用【多线编辑工具】对话框对其进行修改，修改后效果如图7-3（b）所示。

（a）原图　　　　　　　　　　（b）效果图

图 7-3　【多线】命令练习图

7.2　偏移命令（OFFSET/O）和分解命令（EXPLODE/X）

1.　偏移命令（OFFSET/O）

【偏移】命令用于根据指定距离或通过点，建立一个与所选对象平行或具有同心结构的形体。能被偏移的对象包括直线、圆、圆弧、样条曲线等。可以通过【修改】菜单或单击工具栏中的【偏移】按钮，或输入快捷键 O 来激活【偏移】命令。

视频资源

7-2　偏移与分解命令

有些图形采用【直线】命令、【矩形】命令及【多段线】命令均能完成，但是后续对这些对象进行偏移处理时，效果是不同的，如图 7-4 所示。矩形偏移和多段线偏移效果一样，但用【直线】命令绘制的矩形偏移效果不同。因此【偏移】命令要配合【多段线】命令使用。

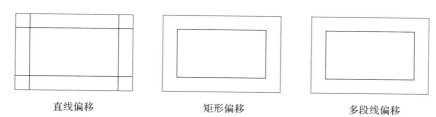

直线偏移　　　　　　　矩形偏移　　　　　　　多段线偏移

图 7-4　【偏移】命令的使用注意事项

练一练

按照图 7-5 中的尺寸绘制图形。

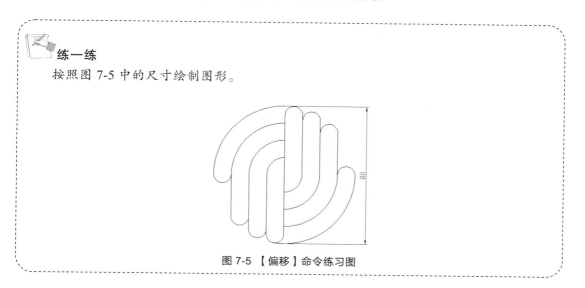

图 7-5　【偏移】命令练习图

2. 分解命令（EXPLODE/X）

【分解】命令用于将一个对象分解成多个对象，该命令也叫炸开命令。可以通过【修改】菜单或单击工具栏中的【分解】按钮，或输入快捷键 X 来激活【分解】命令。

7.3 标注样式命令（DIMSTYLE/D）

在专业设计绘图中，尺寸是一项非常重要的内容。它描述了设计对象各组成部分的大小及相对位置关系，是实际施工的重要依据。尺寸标注有着严格的规范，一个完整的尺寸标注由尺寸界线、尺寸线、尺寸数字（或文字）、尺寸终端等部分组成，如图 7-6 所示。

图 7-6 尺寸标注的组成

尺寸界线是用来界定度量范围的直线，通常与被标注的对象保持一定的距离，以方便区分图形的轮廓与尺寸界线。尺寸线是指示尺寸的方向和范围的线条，放在两尺寸界线之间。尺寸终端在尺寸线两端，用以表明尺寸线的起止位置。AutoCAD 提供了多种形式的尺寸终端，在通信工程制图中，通常以粗斜线形式表示的建筑标记作为起止符号，半径、直径、角度则宜用箭头作为起止符号。尺寸数字通常位于尺寸线的上方或中断处，用以表示所选标注对象的具体尺寸大小。

在为对象标注尺寸之前，设置尺寸标注样式是必不可少的。因为所有创建的尺寸标注，其格式都是由尺寸标注样式来控制的。选择【格式】→【标注样式】命令或单击【注释】工具栏中的【标注样式管理器】按钮，如图 7-7 所示，或在命令行输入 D 或 DIMSTYLE，打开【标注样式管理器】对话框，如图 7-8 所示。Standard 和 ISO-25 标准样式里的各参数取值比较适合 A4 纸尺寸大小。

图 7-7 标注样式管理器

在该对话框的左上角显示的是系统当前的标注样式，要将一个样式设为当前样式，可从【样式】下拉列表框中选择样式，然后单击【置为当前】按钮。系统默认的尺寸标注样式是 ISO-25，在使用标注前，请创建新的尺寸标注样式，不建议在 ISO-25 标注样式上直接修改。

【线】选项卡如图 7-8 所示。【基线间距】参数是指基线标注时两平行尺寸线之间的间距，应大于文字高度。【超出尺寸线】参数是指尺寸界线超出尺寸线距离。【起点偏移量】参数是指尺寸界线偏移标注起点的距离。

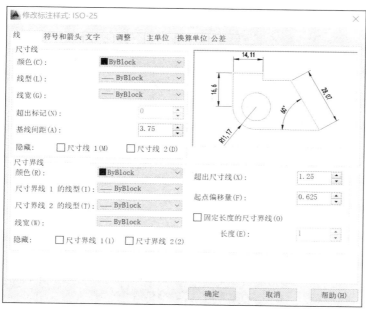

图 7-8　【线】选项卡

【符号和箭头】选项卡如图 7-9 所示，一般设置【箭头】中的【第一个】参数的尺寸终端样式，【第二个】参数自动同【第一个】参数中设置的样式保持一致。通信工程制图中一般设置标注样式为斜线或箭头。

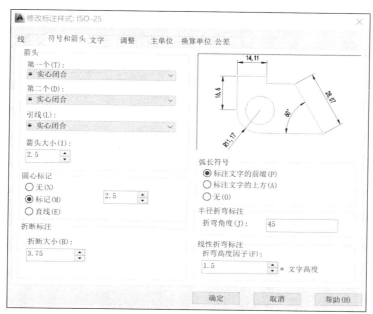

图 7-9　【符号和箭头】选项卡

【文字】选项卡如图 7-10 所示。【文字高度】参数是指文字的大小，如果文字样式里已经设置了文字高度，则此处设置的文字高度值无效，标注样式中的文字设置方法和表格样式中一样。【从尺寸线偏移】参数是指文字与尺寸线之间的距离。

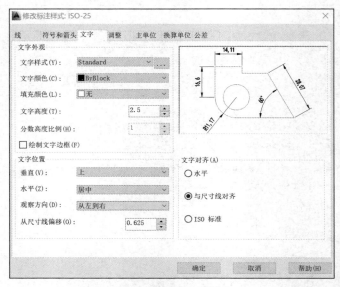

图 7-10 【文字】选项卡

【调整】选项卡如图 7-11 所示，当尺寸界线的空间有限时，可以设置自动调整文字或箭头的位置。【标注特征比例】中的【使用全局比例】单选项是指尺寸标注中的数字大小、箭头大小、尺寸界线超出尺寸线等所有参数的缩放比例。所以在【线】、【符号和箭头】及【文字】选项卡中的各种参数值的设置都保持默认，不用修改，只用在【使用全局比例】数值框中设置统一的缩放比例。这里要特别注意熟练掌握【标注特征比例】中【使用全局比例】参数的设置。

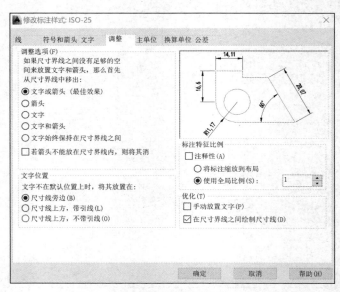

图 7-11 【调整】选项卡

【主单位】选项卡如图 7-12 所示，可在【线性标注】中设置【单位格式】、【精度】及【小数分隔符】等参数。【测量单位比例】中的【比例因子】参数是指图中应标注的尺寸与画图时尺寸的比，如将绘图长度为 5 的直线标注为 5000，则比例因子为 1000。

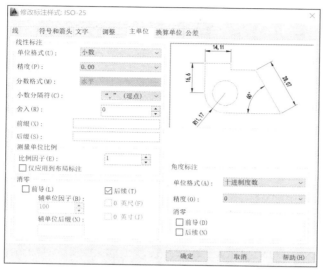

图 7-12　【主单位】选项卡

7.4　常用尺寸标注

常用的尺寸标注有线性标注（DLI）、对齐标注（DAL）、角度标注（DAN）、半径标注（DRA）、直径标注（DDI），以及基线标注（DBA）和连续标注（DCO）等。可以从【标注】工具栏（如图 7-13 所示）或【注释】→【线性】/【引线】工具栏（如图 7-14 所示），又或者输入各自的快捷键激活各种尺寸标注命令。

视频资源

7-4　常用尺寸标注

图 7-13　【标注】工具栏

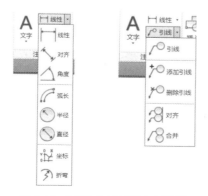

图 7-14　【线性】/【引线】工具栏

1. 线性标注（DIMLINEAR/DLI）

线性标注用来标注图形对象在水平方向、垂直方向上的尺寸，图 7-15 中的"18" "35"等尺寸标注就是线性标注。进行线性标注时，需要指定两点来取定尺寸界线，也可以直接选取需标注的尺寸对象。线性标注的命令为 DIMLINEAR，快捷键为 DLI。尺寸标注一般是先确定起点，然后确定终点，最后确定标注的位置，称为三点法标注。

2. 对齐标注（DIMALIGNED/DAL）

对齐标注又称平行标注，是指尺寸线始终与标注对象保持平行，若是圆弧，则使标注尺寸的尺寸线与圆弧的两个端点所产生的弦保持平行。图 7-15 中"41"的尺寸标注就是对齐标注。对齐标注的命令为 DIMALIGNED，快捷键为 DAL。

3. 角度标注（DIMANGULAR/DAN）

角度标注用于标注两直线间的夹角、圆弧的圆心角、圆上任意两点间圆弧的圆心角，以及由三点所确定的角度。角度标注的命令为 DIMANGULAR，快捷键为 DAN。

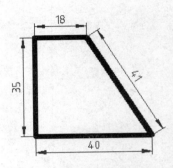

图 7-15　线性标注和对齐标注

4. 半径标注（DIMRADIU/DRA）和直径标注（DIMDIAMETER/DDI）

在设计绘图时，常需要对圆、圆弧等对象标注半径或直径，这就需要用到半径和直径标注命令。半径标注的命令为 DIMRADIUS，快捷键为 DRA。直径标注的命令为 DIMDIAMETER，快捷键为 DDI。

5. 基线标注（DIMBASELINE/DBA）和连续标注（DIMCONTINUE/DCO）

AutoCAD 中有两个方便快捷的标注方法，即基线标注和连续标注，可以帮助用户实现一键快速标注。基线标注和连续标注的实质是线性标注、角度标注的延续，在某些特殊情况下，如一系列尺寸是由同一个基准面引出的或者是首尾相连的连续尺寸，就可以使用这两个标注方法以提高标注的效率。

基线标注适用于由同一个基准面引出的一系列尺寸的标注。连续标注适用于首尾相接的一系列连续尺寸的标注。图 7-16 中的水平尺寸标注采用的就是基线标注，垂直尺寸标注采用的就是连续标注。基线标注和连续标注可以快速美观地进行尺寸标注，提高用户绘图效率，务必要熟练应用。具体应用方法可以扫一扫课程资源中的二维码，跟着老师一起学习，总结如下。

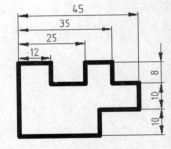

图 7-16　基线标注和连续标注

（1）绘制一个基准标注。无论是基线标注还是连续标注，都需要预先指定一个完成的标注作为标注的基准，所以先使用线性标注命令，绘制一个线性标注。

（2）选择基线或连续标注命令。在需要标注的位置单击第一个点和第二个点，重复单击不同位置即可快速标注。基线标注的命令为 DIMBASELINE，快捷键为 DBA；连续标注的命令为 DIMCONTINUE，快捷键为 DCO。

6. 引线标注（QLEADER/LE）

引线标注主要用于对图形中的某些特定的对象进行注释和说明，以使图形表达更清楚。引线标注的命令为 QLEADER，快捷键为 LE。可以通过选择该提示中的相应选项来设置引线格式及创建引线标注。

```
命令：QLEADER
指定第一个引线点或 [设置(S)] <设置>：
指定下一点：
指定下一点：
指定文字宽度 <0>：5
输入注释文字的第一行 <多行文字(M)>：引线标注
输入注释文字的下一行：
```

【项目实施】

7.5　机房墙体的绘制

一般用两条平行线来表示墙体，有两种快速画法，一种是采用多段线+偏移的画法，另一种是采用多线画法。

视频资源

7-5　机房墙体的绘制

1. 多段线+偏移的画法

先用多段线绘制内墙墙体，然后向外偏移 240mm 绘制外墙。

2. 多线画法

采用默认多线样式，直接设置多线的比例为 240，对正方式为下对正，按尺寸绘制墙体。

砖混材质的机房墙体厚度一般为 240mm；彩钢板材质的机房墙体厚度一般为 100mm。本项目机房是砖混材质的，所以墙体的两条平行线间距为 240mm，如图 7-17 所示。

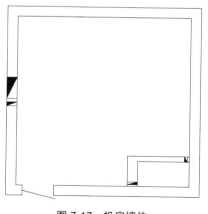

图 7-17　机房墙体

7.6　机房设备平面图的绘制

机房墙体绘制好后，需要绘制机房里设备的尺寸及位置，具体绘制技巧见右侧二维码中的课程视频资源。

7.7　机房尺寸及设备位置标注

最后需要对机房的尺寸、设备的尺寸、设备的位置，以及需要说明的部分进行标注，如图 7-18 所示，具体绘制技巧见右侧二维码中的课程视频资源。

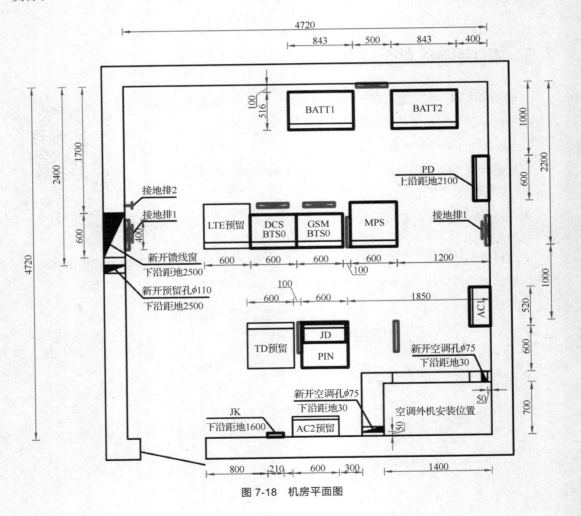

图 7-18　机房平面图

【技能训练】

1. 按照图 7-19 和图 7-20 中的尺寸绘制图形，并做尺寸标注。

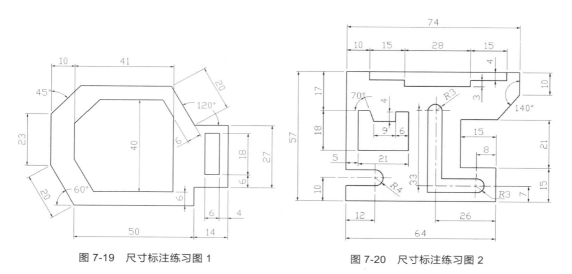

图 7-19　尺寸标注练习图 1

图 7-20　尺寸标注练习图 2

2. 按照图 7-21 中的尺寸绘制图形，并做尺寸标注。

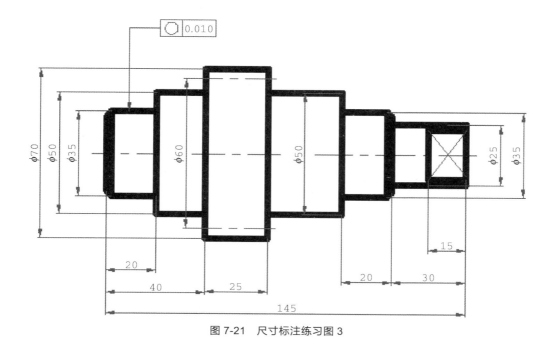

图 7-21　尺寸标注练习图 3

3. 绘制图 7-22 所示的某无线机房平面图，注意尺寸标注的规范。

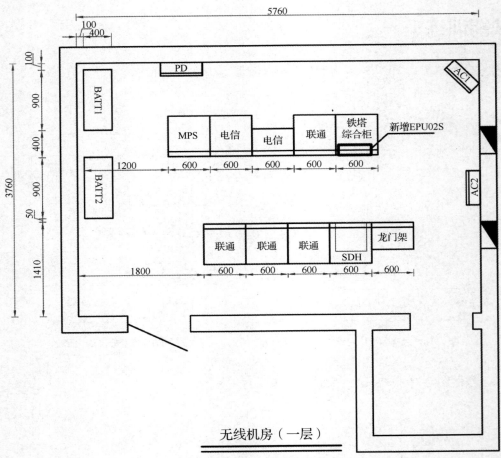

无线机房（一层）

图 7-22　某无线机房平面图

08 项目 8 移动基站工程制图

【项目概述】

本项目是 5G 的一个 35m 一体化塔房的设计，共计 6 张图纸，如图 8-1 所示。图纸详细内容见后文图纸。

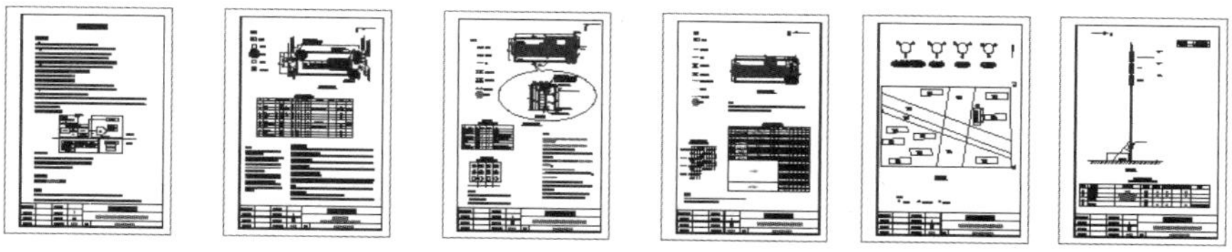

图 8-1　35m 一体化塔房设计图

【课前导读】

离目标越近，困难越大。基本的绘图知识已经学完，本项目及后续两个项目是综合的实际通信工程项目（为了教材的编排，适当做了删减与调整），学习者会有难度加深、绘图工作量加大的感受。这时一定要克服畏难情绪，坚持就是胜利，相信经过一段时间的练习，无论是在速度上还是在美观度上都会有质的飞跃。

【技能目标】

1. 会绘制正多边形，能够熟练运用缩放、旋转命令对所绘制图形进行编辑修改。
2. 掌握移动基站工程图纸的绘制标准与方法。
3. 能运用所学知识，按标准绘制机房平面图。
4. 能运用所学知识，按标准绘制机房走线架布置及线缆路由图。
5. 能运用所学知识，按标准绘制基站天馈设计图。

【素养目标】

1. 不畏困难，勇于克服困难。
2. 坚定自我信念，树立坚定信念。

【教学建议】

项目	任务	子任务	内容介绍	学习方式	建议学时	重难点
项目 8 移动基站工程制图	知识准备（课前）	8.1　正多边形命令	1. 圆内接正多边形的绘制 2. 圆外切正多边形的绘制 3. 用正多边形边长来绘制正多边形的画法	线上	2	重点
		8.2　缩放命令	缩放命令的使用方法	线上		
		8.3　旋转命令	旋转命令的使用方法	线上		
		8.4　通信工程制图步骤	通信工程制图步骤	线上		重点
	项目实施（课中）	8.5　移动基站工程总体说明图的绘制	1. 工艺说明 2. 工程框图说明	线下	4	
		8.6　机房平面图的绘制	机房平面图的绘制	线下	4	重难点
		8.7　机房走线架布置及线缆路由图的绘制	1. 机房走线架布置 2. 线缆路由图的绘制	线下	6	重点
		8.8　基站天馈设计图的绘制	基站天馈设计图的绘制	线下	4	
	技能训练（课后）		1. 设计说明图 2. 机房设备平面图 3. 机房走线架线缆路由布置图 4. 基站天馈系统安装示意图	作业		

【知识准备】

8.1　正多边形命令（POLYGON/POL）

视频资源

8-1　正多边形命令

正多边形有圆内接正多边形、圆外切正多边形两种画法，绘图中要注意已知的是正多边形的外接圆还是内切圆的半径，它们的区别如图 8-2 所示。另外还有一种以正多边形边长（E）来绘制正多边形的方法，具体绘制方法可通过扫描右边课程资源二维码进行学习。

通过【绘图】菜单或单击工具栏中的【正多边形】按钮激活【正多边形】命令，也可输入快捷键 POL 激活【正多边形】命令。

注意　　使用本命令时，需要先确定正多边形的中心点及圆半径大小或正多边形的边长大小。

【实例操作演示】

按图 8-3 中的尺寸要求绘图。

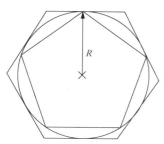

图 8-2　圆内接正多边形、圆外切正多边形的区别

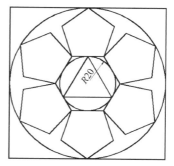

图 8-3　正多边形练习图

8.2　缩放命令（SCALE/SC）

为方便用户详细地观察、修改图形中的局部区域，AutoCAD 提供了缩放命令（ZOOM）来在屏幕上放大或缩小图形的视觉尺寸，但其实际尺寸不变。而缩放对象（SCALE）是将选择的图形对象按给定比例进行缩放变换，缩放对象实际改变了图形的尺寸。

视频资源

8-2　缩放命令

使用【缩放】命令时需要指定一个基点，该基点在图形缩放时不移动也不修改。缩放对象后默认为删除原图，也可以设定保留原图。可以通过【修改】菜单和工具栏中的【缩放】按钮激活【缩放】命令，也可以输入快捷键 SC 来激活【缩放】命令。

注意

比例因子大于 1 时，则放大对象；若为 0～1 的小数，则缩小对象。

【实例操作演示】

图 8-4（a）为原图，运用【缩放】命令使其放大 1.5 倍，缩小一半，效果如图 8-4（b）、图 8-4（c）所示。

（a）原图　　　　　（b）比例因子为 1.5　　　　（c）比例因子为 0.5

图 8-4　【缩放】命令

练一练

用【缩放】命令绘制图 8-5 所示的图形。

图 8-5 【缩放】命令练习图 1

 练一练

按照图 8-6 中的尺寸绘制图形，并缩小图形。

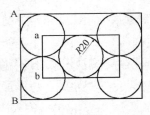 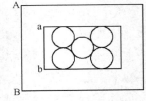

（a）原图　　　　　　　　（b）缩小图形

图 8-6 【缩放】命令练习图 2

视频资源

8.3　旋转命令（ROTATE/RO）

　　【旋转】命令是将选定的对象绕指定的基点旋转一定的角度。正角度是按逆时针方向旋转；负角度是按顺时针方向旋转，也可用参照方式输入。可以通过【修改】菜单或单击工具栏中的【旋转】按钮激活【旋转】命令，也可以输入快捷键 RO 激活【旋转】命令。

8-3　旋转命令

 注意　　　【旋转】命令在使用的时候要注意旋转角度的正负，角度为正，逆时针旋转；角度为负，顺时针旋转。

【实例操作演示】

运用【旋转】命令绘制出天线相角图，如图 8-7 所示。

在绘图过程中，命令栏会有下面的提示，如果保存原图不删除，则需要输入 C，按 Enter

键，然后在下一条提示中输入旋转的角度。

指定旋转角度，或 [复制(C)/参照(R)] <0>：　C　　　//选择复制选项

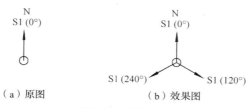

（a）原图　　　　　　（b）效果图

图 8-7　天线相角图

练一练

用【旋转】命令绘制图 8-8 和图 8-9 所示图形。

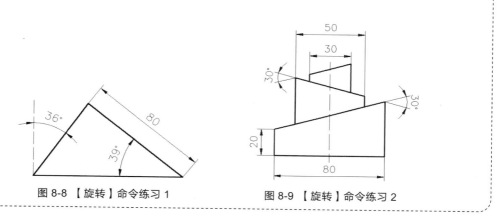

图 8-8　【旋转】命令练习 1　　　　图 8-9　【旋转】命令练习 2

有些命令也会嵌入旋转功能，如【矩形】命令。在绘制图形时，可以灵活运用。

练一练

按照图 8-10 中的尺寸绘制图形。

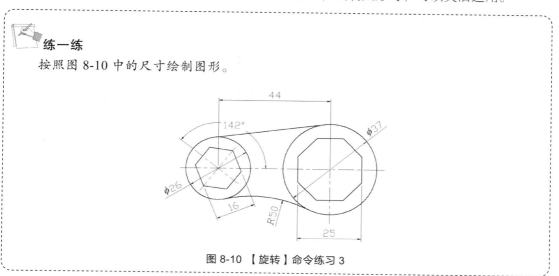

图 8-10　【旋转】命令练习 3

8.4 通信工程制图步骤

1. 绘制纸张大小。用【矩形】命令绘制横向（297×210）（如图 8-11 所示）或纵向（210×297）的 A4 纸的边框，并放在 Defpoints 层。

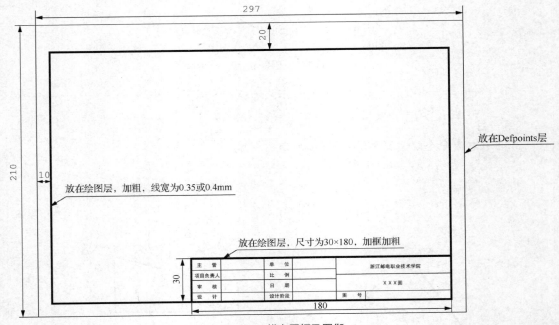

图 8-11 横向图框及图衔

2. 绘制绘图边框。边距为 20mm×10mm×10mm×10mm，并加粗（线宽为 0.4）。

3. 绘制标准图衔。图衔外框尺寸为 180mm×30mm，且外框加粗（线宽同绘图边框）。

4. 绘制设计图及图例。

5. 绘制设备表或主要工程量表的表格。

6. 补充完整其他内容。

7. 输出打印设置。

【项目实施】

移动基站工程设计图纸中主要有移动基站工程总体说明图、机房平面图、机房走线架布置及线缆路由图、基站天馈设计图等。

考虑到今后要经常绘制各种通信工程图纸，可以建立自己的模板文件，这样可以以自己的喜好进行设置，形成自己的风格。

在模板文件中一般应做好以下设置：单位、精度、图层（颜色、线型、线宽）、文字样式、标注样式、复合线样式、默认线宽、默认字体及默认字高、捕捉类型。

模板按图幅大小或工程类型命名，例如 A4.dwt、A3.dwt、A2.dwt 和基站.dwt，室分.dwt、线路.dwt 等。模板文件建议放在专有的 AutoCAD 模板目录下，命好名便于查找。

在模板中绘制好图框、图衔，以及完成出图设置。先按图纸的实际大小画好图框。例如 A4 的图纸大小为 297mm×210mm，A3 的图纸大小为 420mm×297mm，按这个尺寸画好。各个公司、单位都有自己的固定格式，也可直接借用或修改使用。

8.5　移动基站工程总体说明图的绘制

视频资源

8-4　移动基站工程总体说明图的绘制

移动基站工程总体说明图主要由文字和框图组成。文字字体要统一，大小要合理、标准。框图要美观，尽量不要出现文字和图框重叠现象。

文字样式不宜太多，一般三四种就够了。而且尽量使用 SHX 字体，少用 TTF 字体。注意，坚决反对使用生僻的字体，AutoCAD 中没有的坚决不用，Windows 中没有的坚决不用。

SHX 字体可以用 gbcbig.shx+gbenor.shx 组合，这两种字体在 2000 版以上的 AutoCAD 中都有，方便图形交换，用于标注字体、引线标注字体、一般性注释与说明。TTF 字体一般用宋体和黑体两种，这两种字体是 Windows 自带的，用于写图名、索引和详图符号里的字母与数字、房间名等需要醒目的地方。

文字样式名称最好用大字体本身的文件名，便于识别，例如，文字样式 gbcbig 表示 gbcbig.shx+gbenor.sh，simsun 表示 simsun.ttf，simhei 表示 simhei.ttf。

要预先设好默认字高，这样就不用每次都调整了。

框图中的文字要注意排版，一般在图框中的正中间。

课程项目案例中的工艺设计说明图（图号为 20XX-XXXDXTYC-01）的具体绘制方法，可扫描课程视频资源二维码进行学习。

8.6　机房平面图的绘制

视频资源

8-5　机房平面图的绘制

绘制机房平面图的要求如下。

1. 机房平面图中内墙的厚度规定砖混材质的机房为 240mm；彩钢板机房为 100mm。

2. 机房平面图中必须有出入口，例如，门；如有馈孔，勿忘将馈孔加进去。

3. 必须按图纸要求的尺寸将设备画进图中。

4. 在图中主设备上加尺寸标注（图中必须有主设备尺寸以及主设备到墙的尺寸）。

5. 平面图中必须标有"XX 层机房"字样。

6. 平面图中必须有指北针、图例、说明。

7. 机房平面图中必须加设备配置表。

8. 要在图纸外插入标准图衔，并根据要求在图衔中加注单位比例、设计阶段、日期、图名、图号等。注：建筑平面图、平面布置图和走线架图必须在单位比例中加入单位 mm。

9. 在绘制机房平面布置图时，要求不仅能在图纸上反映出设备的摆放位置，还要能反映出设备的正面所朝方向。

图号为 20XX-XXXDXTYC-02 的图是 XXX 大学体育场新建无线基站机房设备平面布置图。具体绘制方法可扫描课程视频资源二维码进行学习。

8.7 机房走线架布置及线缆路由图的绘制

图号为 20XX-XXXDXTYC-03 的图是 XXX 大学体育场新建无线基站机房走线架平面图。具体绘制方法可扫描课程视频资源二维码进行学习。

图号为 20XX-XXXDXTYC-04 的图是 XXX 大学体育场新建无线基站机房线缆图。具体绘制方法可扫描课程视频资源二维码进行学习。

8-6 机房走线架布置　　8-7 线缆路由图的绘制

8.8 基站天馈设计图的绘制

图号为 20XX-XXXDXTYC-05 的图是 XXX 大学体育场新建无线基站的安装示意图（一）。具体绘制方法可扫描课程视频资源二维码进行学习。

图号为 20XX-XXXDXTYC-06 的图是 XXX 大学体育场新建无线基站的安装示意图（二）。具体绘制方法可扫描课程视频资源二维码进行学习。

8-8 安装示意图（一）　　8-9 安装示意图（二）

图 20XX-XXXDXTYC-01　　图 20XX-XXXDXTYC-02　　图 20XX-XXXDXTYC-03

图 20XX-XXXDXTYC-04　　图 20XX-XXXDXTYC-05　　图 20XX-XXXDXTYC-06

工艺设计总体说明

设计依据：

（1）中华人民共和国国家标准《电磁环境控制限值》（GB 8702—2014）；

（2）中华人民共和国国家标准《通信局（站）防雷与接地工程设计规范》（GB 50689—2011）；

（3）中华人民共和国通信行业标准《电信设备安装抗震设计规范》（YD 5059—2005）；

（4）中华人民共和国通信行业标准《电信专用房屋设计规范》（YD/T 5003—2005）；

（5）中华人民共和国通信行业标准《通信电源设备安装工程设计规范》（YD/T 5040—2005）；

（6）中华人民共和国国家标准《航空无线电导航台站电磁环境要求》（GB 6364—2013）；

（7）中华人民共和国公路安全保护条例（2011年7月1日实施）；

（8）铁路安全管理条例（2014年1月1日实施）；

（9）电力设施保护条例（2011年1月8日实施）；

（10）中华人民共和国民用航空行业标准《民用机场飞行区技术标准》（MH 5001—2013）；

（11）中华人民共和国国家标准《汽车加油加气站设计与施工规范》（GB 50156—2012）；

（12）浙江省高速公路运行管理办法（2005年9月1日实施）；

（13）中华人民共和国工业和信息化部 国务院国有资产监督管理委员会《工信部联通<2014>586号》（2015年1月1日实施）；

（14）浙江省通信管理局《浙江省通信管理局关于进一步推进电信基础设施共建共享的实施意见》（浙通发保<2015>11号）（2015年1月1日实施）。

铁塔与运营商大体分工：

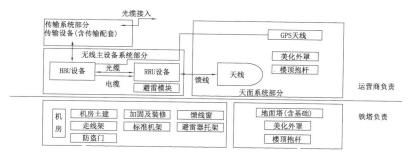

设计范围：

(1)提供基站机房、塔桅及接地系统的相关工艺要求或参数要求；

(2)提供满足基站设备、空调及监控设备正常运作的动力需求；

(3)提供基站空调及监控设备的安装设计。

工程归属：

本基站为XXX大学体育场基站。

其他：

(1)本设计不含机房及机房承重、塔桅及塔桅基础，以及基站内无线、传输、数据等专业的设计；

(2)建设单位负责提供具备装机条件的机房及场地、机房的装修改造、外市电的引接、工程安装进度安排和协调工作。

项目总负责人		专业负责人		XXX设计有限公司		
设　计　人		单　　位	mm			
校　审　人		比　　例	1:75	XXX大学体育场新建无线基站工艺设计说明图		
专业审核人		出 图 日 期	20XX.XX	图号	20XX-XXXDXTYC-01	

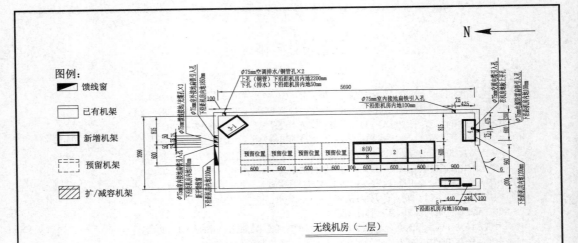

无线机房（一层）

设备安装工作量表

编号	名称	符号	单位	容量/配置	总数	新增数	拆除数	安装数	设备尺寸(mm)	设备型号	安装方式	备注
1	高频开关组合电源	MPS	架	600A/-48V	1	1		1	600(W)×400(D)×1600(H)		落地	
	整流模块		块	50A	3	3		3			嵌入	
2	梯级电池		组	100Ah/-48V	1	1		1	600(W)×600(D)×1000(H)		电池架安装	配置电池架
3-1	空调	AC	台	3P	1	1		1			落地	
4	交流配电箱	PD	台	100A	1	1		1			壁挂	
5	动环监控	FSU	套		1	1		1			壁挂	
6	防盗门		扇		1	1		1	960(W)×2100(H)			机房自带
7	灭火器（二氧化碳）		个		2	2		2			落地	机房自带
8	综合柜		个		1	1		1	600(W)×600(D)×2000(H)		落地	
9	直流配电单元		个		1	1		1			嵌入	
10	电控锁		套		1	1		1			嵌入	
11	通信与位置服务终端		个		1	1		1			壁挂	

说明：

1．本基站位于某大学体育场附近，为便携式基站，机房净高约2.5m；

2．防盗门原则上以左侧开门（门轴在右）为主，如上图所示，特殊情况可根据现场需要调整；

3．本期工程新增的机柜（架）或底座（支架）安装时应用膨胀螺栓对地加固；在抗震地区，应对设备采取抗震加固措施；设备的抗震、加固应能满足防范当地地震强度的要求；在有活动地板的机房内安装设备时，应有钢质底座，非镀层底座应涂防锈漆，做防腐防锈处理；具体要求详见我国通信行业标准文件YD 5059—2005《电信设备安装抗震设计规范》。

安全注意事项：

1．应严格执行施工安全规范，遵守操作规程，施工人员须做好绝缘防护措施，操作时严禁佩戴易导电物体，拔插板卡时应戴防静电手腕；

2．应预防设备超重，若支撑设备的楼面或基础荷载不足，易引起建筑垮塌，导致通信阻断；设备应严格按照设计图纸进行安装；

3．应确保本期施工队对原有设备和系统不造成影响，防止各种金属材料跌落引起的短路等故障，以避免造成意外通信中断；

4．应严格遵守加电流程和规范，须在加电申请被审核批复后才能进行，加电前应核实电源负荷，避免出现过载、短路情况；加电时应避免触电伤害，加电后应确保电源正常运行，无警告；

5．应做好设备保护接地，规范接线，避免造成设备及线缆损坏、通信中断，或造成人身触电安全事故；

6．拆除工作须经确认之后方可进行，应避免违章关停设备或误操作剪断其他设备在用线缆，造成通信中断；

7．施工工具与设备应定期进行检查、检测和校准，避免操作不当或施工器械缺陷造成设备损坏，影响施工人员人身安全；

8．在站点施工时，不得对其他运营商设备以及线缆造成不利影响；

9．正常情况下不允许运营商设备直接接入开关电源，各运营商设备应接入对应网络柜的直流配电单元。

项目总负责人		专业负责人			XXX设计有限公司	
设 计 人		单 位	mm		XXX大学体育场 新建无线基站机房设备平面布置图	
校 审 人		比 例	1:75			
专业审核人		出 图 日 期	20XX.XX	图号	20XX-XXXDXTYC-02	

图例:

▶ 馈线窗

✕ 上线爬梯

▭ 支撑

▯▯▯ 已有走线架

▯▯▯ 新增走线架

⊢ 接地汇集排

⊤⊤ 接地排

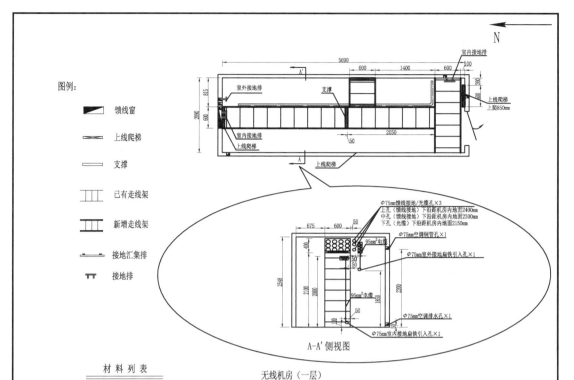

A-A' 侧视图

无线机房（一层）

材料列表

序号	名称	单位	新增数量	安装数量	备注
1	室内接地排	块	2	2	14个螺孔
2	室外接地排	块	1	1	20个螺孔
3	接地汇集排	米	5	5	每隔125mm布有9mm螺孔若干
4	室内走线架	段	8	8	含上线爬梯，2.4米/段
5	支撑	段	1	1	2.4米/段
6	馈线窗	个	1	1	至少7/8"馈线孔洞12个
7	铜铁转换条	个	4	4	400mm×40mm×4mm（4孔）

馈线孔分布图

第一家运营商 其他运营商 其他运营商 其他运营商

说明:
1. 馈线窗孔洞自上往下第一、第二排为馈线预留，第三排为电源线预留；
2. 新增馈线窗穿孔原则为馈线窗从左到右依次铺设。

说明:
1. 新增馈线窗，下沿距机房内地高度为2100mm，规格为600mm×400mm；新增走线架下沿距机房内地高度为2100mm，宽600mm；
2. 靠墙上线爬梯外侧面距墙100mm安装；
3. 室内接地铜排1在走线架一端正下方挂墙水平安装，上沿距走线架100mm；
4. 室外接地铜排（在室内上线爬梯右侧安装），下沿距机房内地2100mm，与走线架间隔200mm，铜排垂直安装；
5. 接地汇集排材料为铜质，每隔125mm打一个 ϕ 9mm接地孔；安装于走线架下方，用95mm²黄绿色铜导线与室内外接地铜排相连通；
6. 接地扁铁通过铜铁转换条及95mm²黄绿色铜导线与室内外接地铜排连接；
7. 室外接地扁铁在机房外引上时应对机房外墙绝缘固定；
8. 所有孔洞穿线余留缝隙应用防火材料进行严密封堵。

项目总负责人		专业负责人		**XXX设计有限公司**	
设计人		单位	mm		
校审人		比例	1:75	**XXX大学体育场新建无线基站机房走线架平面图**	
专业审核人		出图日期	20XX.XX	图号	20XX-XXXDXTYC-03

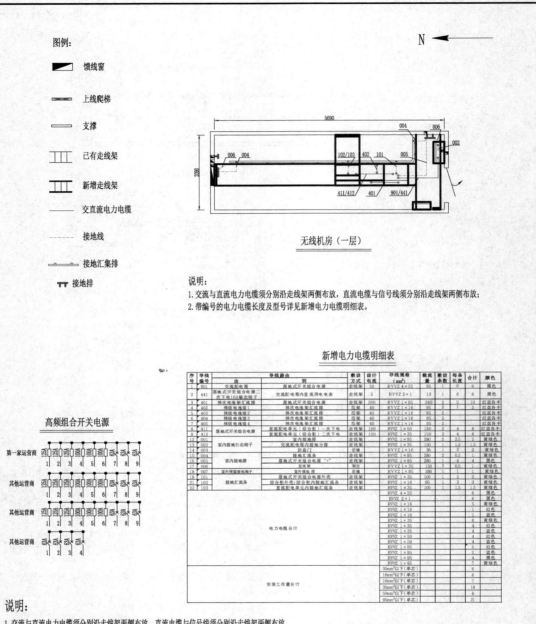

图例:

- 馈线窗
- 上线爬梯
- 支撑
- 已有走线架
- 新增走线架
- 交直流电力电缆
- 接地线
- 接地汇集排
- 接地排

无线机房（一层）

说明：
1. 交流与直流电力电缆须分别沿走线架两侧布放，直流电缆与信号线须分别沿走线架两侧布放；
2. 带编号的电力电缆长度及型号详见新增电力电缆明细表。

高频组合开关电源

第一家运营商　1 2 3 4 5 6 7 8 9
其他运营商　1 2 3 4 5 6 7 8 9
其他运营商　1 2 3 4 5 6 7 8 9
其他运营商　1 2 3 4

新增电力电缆明细表

序号	导线编号	导线路由 由	导线路由 别	敷设方式	设计电流	导线规格 (mm²)	载流量	敷设条数	每条长度	合计	颜色
1	901	交流配电箱	落地式开关组合电源	走线架	50	RVVZ 2×25	95			6	黑色
2	441	落地式开关组合电源二次下电16A输出端子	交流配电箱内直流供电电表	走线架	5	RVVZ 2×1	13	1	6	6	黑色
3	401	梯次电池架汇流排	落地式开关组合电源	沿墙	200	RVVZ 1×95	280	2	5	10	红蓝各半
4	402	梯次电池组1	梯次电池架汇流排	沿墙	40	RVVZ 1×16	95	2			红蓝各半
5	403	梯次电池组2	梯次电池架汇流排	沿墙	40	RVVZ 1×16	95	2			红蓝各半
6	404	梯次电池组3	梯次电池架汇流排	沿墙	40	RVVZ 1×16	95	2			红蓝各半
7	405	梯次电池组4	梯次电池架汇流排	沿墙	40	RVVZ 1×16	95	2			红蓝各半
8	411	落地式开关组合电源	直流配电单元（综合柜）一次下电	走线架	100	RVVZ 1×50	180	2	4	8	红蓝各半
9	412	落地式开关组合电源	直流配电单元（综合柜）二次下电	走线架	100	RVVZ 1×35	150	2	4	8	红蓝各半
12	001	室内接地引出端子	室内接地汇集排	走线架		RVVZ 1×95	280	2	2.5	5	黄绿色
13	002		防雷门	沿墙		RVVZ 1×35	150	1	1.5	1.5	黄绿色
14	003		接地汇流条	沿墙		RVVZ 1×16	95	1	2	2	黄绿色
15	004	室内接地排	落地式开关组合电源"+"	走线架		RVVZ 1×95	280	2	0.5	1	黑色
16	005			走线架		RVVZ 1×95	280	1	4	4	黑色
17	006			走线架		RVVZ 1×35	150	2	0.5	1	黄绿色
18	007	室外预留接地端子	室外接地	走线架		RVVZ 1×95	280				
19	101		落地式开关组合电源外壳	走线架		RVVZ 1×35	105	1	2	2	黄绿色
20	102		综合柜外壳（综合柜）内接地汇流条	走线架		RVVZ 1×16	95	1	3	3	黄绿色
21	103	接地汇流条	直流配电单元内接地汇集排	走线架		RVVZ 1×35	105	1	1.5	1.5	黄绿色
						RVVZ 2×25				6	黑色
						RVVZ 2×1				6	黑色
						RVVZ 1×16				4	红色
						RVVZ 1×16				4	蓝色
						RVVZ 1×35				4	红色
						RVVZ 1×35				4	蓝色
						RVVZ 1×50				4	红色
						RVVZ 1×50				4	蓝色
						RVVZ 1×95				5	红色
						RVVZ 1×95				5	蓝色
						RVVZ 1×95				4	黑色
						RVVZ 1×95				6	黄绿色
						35mm²以下（单芯）				6	
						16mm²以下（单芯）				6	
						16mm²以下（单芯）				7	
						35mm²以下（单芯）				14	
						50mm²以下（单芯）				8	
						95mm²以下（单芯）				21	

电力电缆合计

安装工作量合计

说明：
1. 交流与直流电力电缆须分别沿走线架两侧布放，直流电缆与信号线须分别沿走线架两侧布放。
2. 带编号的电力电缆长度及型号详见电力电缆明细表。

项目总负责人		专业负责人			**XXX设计有限公司**
设 计 人		单 位	mm		
校 审 人		比 例	1:75		**XXX大学体育场新建无线基站机房线缆图**
专业审核人		出图日期	20XX.XX	图号	20XX-XXXDXTYC-04

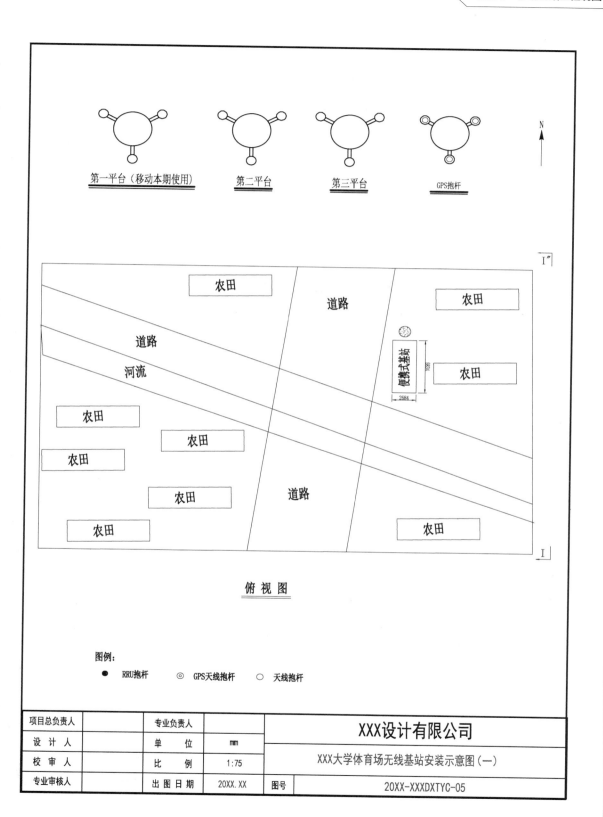

第一平台（移动本期使用）　　第二平台　　　　第三平台　　　　GPS抱杆

I″

农田

道路

农田

道路

河流

农田

便携式基站

农田

农田

农田

农田

道路

农田

农田

I

俯 视 图

图例：
● RRU抱杆　◎ GPS天线抱杆　○ 天线抱杆

项目总负责人		专业负责人		XXX设计有限公司	
设 计 人		单 位	mm		
校 审 人		比 例	1:75	XXX大学体育场无线基站安装示意图（一）	
专业审核人		出 图 日 期	20XX. XX	图号	20XX-XXXDXTYC-05

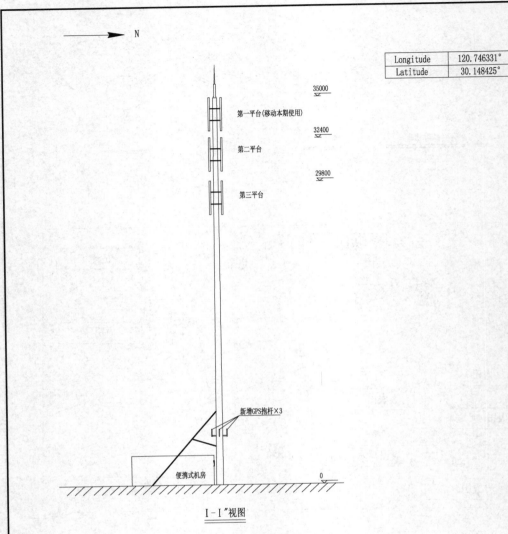

Longitude	120.746331°
Latitude	30.148425°

N

35000

第一平台(移动本期使用)

32400

第二平台

29800

第三平台

新增GPS抱杆×3

便携式机房

0

I－I″视图

安装工作量表

序号	名　称	规格型号	单位	总数	新增数	拆除数	安装数	备注
1	便携式塔	35m	座	1	1		1	
2	天线抱杆	高2.4m，φ70mm	根	9	9		9	
3	RRU抱杆	高1m，φ70mm	根					
4	GPS抱杆		根	3	3		3	保证上方无遮挡

项目总负责人		专业负责人		**XXX设计有限公司**	
设　计　人		单　位	mm	XXX大学体育场无线基站安装示意图（二）	
校　审　人		比　例	1:75		
专业审核人		出图日期	20XX.XX	图号	20XX-XXXDXTYC-06

【技能训练】

图 8-12 所示为某 5G-DRAN 的工程设计图纸，本项目共计 5 张图纸，图号及图名如下。

1. 图号为 XXX-01 的图为 XXX 机房设计说明图。
2. 图号为 XXX-02 的图为 XXX 机房设备平面图。
3. 图号为 XXX-03 的图为 XXX 机房走线架线缆路由布置图。
4. 图号为 XXX-04 的图为 XXX 机房基站天馈系统安装示意图（一）。
5. 图号为 XXX-05 的图为 XXX 机房基站天馈系统安装示意图（二）。

每张图纸具体内容详见后文，要求完成这些图纸的绘制（注意绘图速度及美观度）。

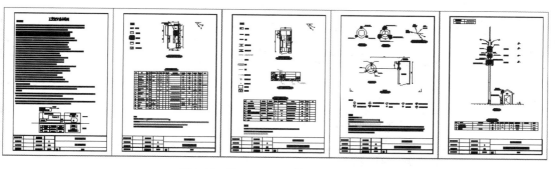

图 8-12　某 5G-DRAN 的工程设计图纸

工艺设计总体说明

设计依据：

(1) 中华人民共和国工业和信息化行业标准《数字蜂窝移动通信网900/1800MHz TDMA工程设计规范》（YD/T 5104—2015）；
(2) 中华人民共和国工业和信息化行业标准《数字蜂窝移动通信网TD-LTE无线网工程设计暂行规定》（YD/T 5213—2015）；
(3) 中华人民共和国工业和信息化行业标准《通信建筑工程设计规范》（YD 5003—2014）；
(4) 中华人民共和国工业和信息化行业标准《通信建设工程安全生产操作规范》（YD 5201—2014）；
(5) 中华人民共和国工业和信息化行业标准《通信建筑抗震设防分类标准》（YD 5054—2010）；
(6) 中华人民共和国工业和信息化行业标准《通信设备安装抗震设计图集》（YD 5060—2010）；
(7) 中华人民共和国工业和信息化行业标准《通信工程建设环境保护技术暂行规定》（YD 5039—2009）；
(8) 中华人民共和国工业和信息化行业标准《电信基础设施共建共享工程技术暂行规定》（YD 5191—2009）；
(9) 中华人民共和国信息产业部行业标准《电信机房铁架安装设计标准》（YD/T 5026—2005）；
(10) 中华人民共和国信息产业部行业标准《电信设备安装抗震设计规范》（YD 5059—2005）；
(11) 中华人民共和国信息产业部行业标准《电信设备抗地震性能检测规范》（YD 5083—2005）；
(12) 中华人民共和国住房和城乡建设部行业标准《混凝土结构后锚固技术规程》（JGJ145—2013）；
(13) 中华人民共和国环境保护行业标准《辐射环境保护管理导则-电磁辐射环境影响评价方法与标准》（HJ/T 10.3—1996）；
(14) 中华人民共和国国家标准《中国地震动参数区划图》（GB 18306—2015）；
(15) 中华人民共和国国家标准《混凝土结构加固设计规范》（GB 50367—2013）；
(16) 中华人民共和国国家标准《通信局（站）防雷与接地工程设计规范》（GB 50689—2011）；
(17) 中华人民共和国国家标准《建筑抗震设计规范》（GB 50011—2010）（2016年版）；
(18) 中华人民共和国国家标准《通信电源设备安装工程设计规范》（GB 51194—2016）；
(19) 中华人民共和国国家标准《电磁环境控制限值》（GB 8702—2014）；
(20) 中华人民共和国工业和信息化部印发的《通信建设工程安全生产管理规定》（工信部通信[2015]406号）；
(21) 中华人民共和国工业和信息化部印发的《通信网络安全防护管理办法》（工信部令第11号）；
(22) 中国移动企业标准《TD-LTE移动通信网无线网工程设计规范（V1.0.0）》（QB-J-018-2013）；
(23) 中国移动企业标准《TDD及WLAN系统双极化天线设备规范》（QB-A-001-2014）；
(24) 中国移动企业标准《基站防雷与接地技术规范》（QB-A-029-2011）；
(25) 中国移动企业标准《中国移动通信电源系统工程设计规范》（QB-J-017-2013）；
(26) 浙江移动企业标准《中国移动通信集团浙江有限公司基站工程建设规范 》（2008年版）；
(27) 浙江移动企业标准《中国移动浙江公司通信基站动力综合配套建设指导意见》（2014年版）。

设计单位与建设单位分工：

设计单位负责设计无线主设备及其天馈线系统设计；基站传输配套由建设单位另行委托设计；工程安装进度安排和协调工作均由建设单位负责；基站电源配套、无线配套、土建配套由铁塔公司负责；铁塔公司无法提供的配套设备，经协商后可由建设单位负责。

设计范围：

(1) 主设备设计范围为室内设备平面布置和调整，室外天线和室外设备单元安装位置设计，主设备与其他设备之间信号线缆、电源线缆、接地线缆的布放设计（含天馈防雷接地工艺要求），并提出基站对传输、电源、土建工艺的具体需求；
(2) 无线配套设计范围为综合架（柜）、室内外走线架、馈线洞、馈线窗、空调、消防器具、监控的安装设计；
(3) 电源配套设计范围为负责基站内交流配电箱输出端子及电源系统的安装设计，并在高频开关组合电源中根据无线专业提供的用电负荷和供电回路要求预留直流供电分路，负责基站室内地线排的安装设计，并在基站室内地线排预留通信设备的接地端子。

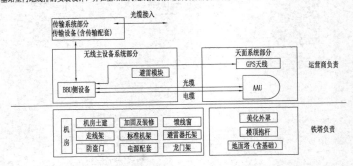

项目总负责人		专业负责人			XXX设计研究院	
设 计 人		单 位		mm	XXX机房设计说明图	
校 审 人		比 例		1:75		
专业审核人		出图日期	20XX.XX	图号		XXX-01

图例：

- ◣ 馈线窗
- ▭ 已有机架
- ▭ 新增机架
- ⬚ 预留机架
- ▨ 扩/减容机架

新增NR-2.6G BBU主设备
置于此柜中

无线机房（一层）

设备安装工作量表

编号	名 称	符号	单位	容量/配置	总数	新增数	拆除数	安装数	设备尺寸(mm)	设备型号	设备厂家	安装方式	项目归属	备注
1	NR-2.6G BBU主设备	BBU	架		1	1		1	442(W)×310(D)×86(H)	BBU5900	华为	嵌入	主设备	
2	NR-2.6G基带板	BBP	块	S1/1/1	1	1		1		UBBP	华为	嵌入	主设备	
3	NR主控板	MPT	块		1	1		1		UMPT	华为	嵌入	主设备	
4	3D-MIMO基带板	BBP	块	S1/1/1	1	1		1		UBBP	华为	嵌入	主设备	
5	3D-MIMO主控板	MPT	块		1	1		1		UMPT	华为	嵌入	主设备	
6	BBU电源板		块		1					UPEUe	华为	嵌入	主设备	BBU自带1块
7	升压配电盒3.0 PLUS	EPU	架		1	1		1	442(W)×65(D)×43.6(H)	EPU02S	华为	嵌入	主设备	
8	直流配电单元	DCDU	架		1				442(W)×200(D)×43.6(H)	DCDU-12B	华为	嵌入	主设备	
9	5G标牌		套		1	1		1				按实安装	主设备	
10	LTE-D基带板		块						442(W)×310(D)×86(H)	BBU3900	华为		主设备	
11	传输综合架	SDH	架						600(W)×600(D)×2000(H)			落地	传输	
12	设备柜		架		1				600(W)×600(D)×2000(H)			落地	配套	
13	GSM BTS0主设备	BTS	架						600(W)×450(D)×900(H)	BTS3900	华为	落地	主设备	
14	高频开关组合电源	MPS	架	600A/-48V	1				600(W)×600(D)×2000(H)		中恒	落地	铁塔	
15	整流模块		块	50A	2					NPR48-ES	中恒	嵌入	铁塔	
16	蓄电池	BATT	组	200Ah/-48V	1				1300(W)×450(D)×900(H)	GFM-200	灯塔	双层双列立放	铁塔	
17	空调	AC1	台	3P	1				600(W)×270(D)×1800(H)			落地式	铁塔	
18	交流配电箱	PD	个	100A	1				600(W)×250(D)×800(H)			壁挂	铁塔	

说明：

1. 本基站机房位于XXX内，本机房为一层迷你机房，机房高度为3.2m；

2. 本基站为NR 2.6G频段新建三小区定向基站，本期工程利旧一个综合柜，新增NR-2.6G BBU主设备，新增升压配电盒，内置于设备综合柜内，采用BBU+RRU方式。本基站NR 2.6G配置为S1/1/1，3D-MIMO配置为S1/1/1，本次工程新增功耗5040W；

3. 本站需对传输二次下电情况进行核定，改造施工方案由传输专业负责，详见传输设备图纸。

项目总负责人		专业负责人		XXX设计研究院	
设 计 人		单 位	mm		
校 审 人		比 例	1:75	XXX机房设备平面图	
专业审核人		出图日期	20XX.XX	图号	XXX-02

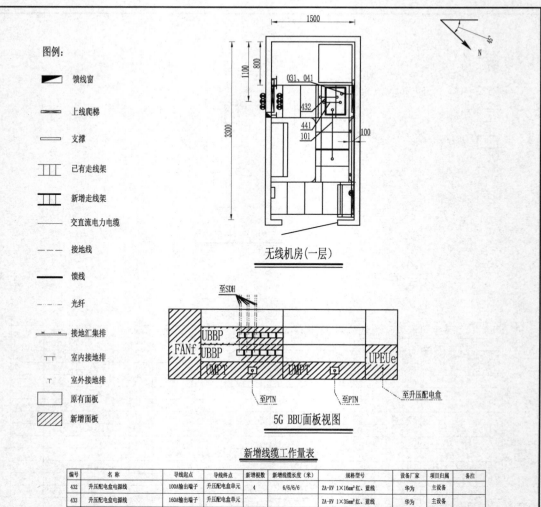

图例：
■ 馈线窗
▦ 上线爬梯
▭ 支撑
▥ 已有走线架
▥ 新增走线架
—— 交直流电力电缆
----- 接地线
━━ 馈线
----- 光纤
▦ 接地汇集排
⊤ 室内接地排
⊤ 室外接地排
▭ 原有面板
▨ 新增面板

无线机房(一层)

5G BBU面板视图

新增线缆工作量表

编号	名称	导线起点	导线终点	新增根数	新增线缆长度（米）	规格型号	设备厂家	项目归属	备注
432	升压配电盒电源线	100A输出端子	升压配电盒单元	4	6/6/6/6	ZA-RV 1×16mm² 红、蓝线	华为	主设备	
433	升压配电盒电源线	160A输出端子	升压配电盒单元			ZA-RV 1×35mm² 红、蓝线	华为	主设备	
431	直流配电单元电源线	100A输出端子	直流配电单元			ZA-RV 1×16mm² 红、蓝线	华为	主设备	
441	BBU电源线	直流配电单元	BBU	4	1/1/1/1	ZA-RV 1×4mm² 红、蓝线	华为	主设备	
031	升压配电盒单元/直流配电单元接地线	直流配电单元	综合柜内接地排	1	2	ZA-RV 1×6mm² 黄绿线	华为	主设备	
041	BBU接地线	BBU	综合柜内接地排	1	1	ZA-RV 1×6mm² 黄绿线	华为	主设备	
083	综合柜接地线	综合柜内接地排	接地汇集排			ZA-RV 1×35mm² 黄绿线		配套	
101	传输线	BBU	PTN	2	10/10	2芯光纤(LC-LC)	华为	主设备	

说明：
1. 交流与直流电力电缆分别沿走线架两侧布放，直流电缆与信号线、光纤须分别沿走线架两侧布放；
2. 带编号的电力电缆长度及型号详见新增线缆工作量表；
3. 新增的电流配电单元需连接2路100A熔丝。

项目总负责人		专业负责人		XXX设计研究院	
设 计 人		单 位	mm		
校 审 人		比 例	1:75	XXX机房走线架线缆路由布置图	
专业审核人		出图日期	20XX.XX	图号	XXX-03

注：本图部分图例线型区别不明显，具体细节请扫描本图电子图纸二维码观看。

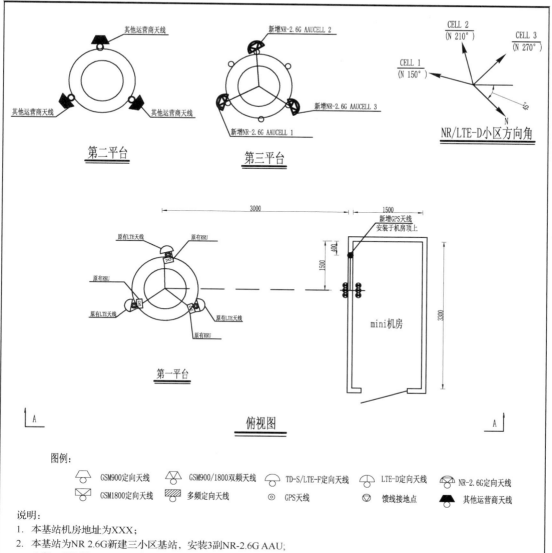

图例：
- GSM900定向天线
- GSM900/1800双频天线
- TD-S/LTE-F定向天线
- LTE-D定向天线
- NR-2.6G定向天线
- GSM1800定向天线
- 多频定向天线
- GPS天线
- 馈线接地点
- 其他运营商天线

说明：
1. 本基站机房地址为XXX；
2. 本基站为NR 2.6G新建三小区基站，安装3副NR-2.6G AAU；
3. 本期工程新增5G AAU固定在原有景观塔第三平台的天线抱杆上；
4. 天馈线应做好防雷接地，所有天线应在避雷针保护范围内；
5. 本期工程本基站新增1副GPS天线，GPS线缆长度为估算值，以实测长度为准，GPS天线必须安装在较空旷位置，上方120°度范围内应无建筑物遮挡，位置如上图所示；GPS天馈线应在避雷针的有效保护范围之内；GPS室内馈线应加装GPS防雷器保护，当安装在机房顶部或楼顶站时，GPS馈线的室外部分可不做接地处理，GPS馈线在楼顶布线严禁与避雷带缠绕；当安装在地面铁塔顶部时，GPS馈线屏蔽层应在塔顶就近接地；当GPS馈线长度大于60m时，则宜在塔的中间部位增加一个接地点。

项目总负责人		专业负责人		XXX设计研究院	
设 计 人		单 位	mm	XXX机房基站天馈系统安装示意图（一）	
校 审 人		比 例	1:75		
专业审核人		出图日期	20XX.XX	图号	XXX-04

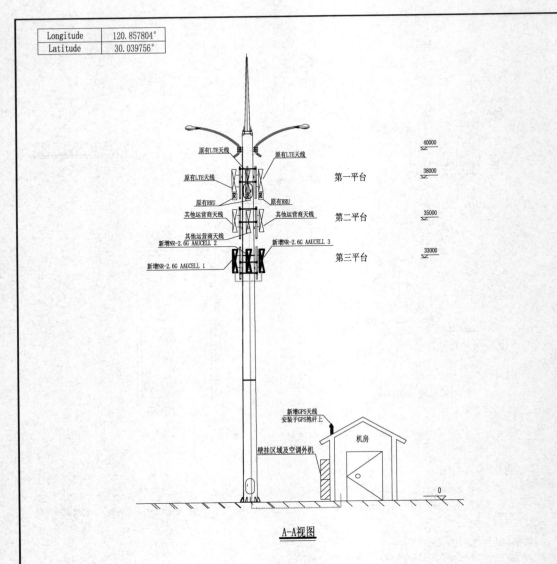

Longitude	120.857804°
Latitude	30.039756°

A—A视图

安装工作量表

序号	名　称	规格型号	单　位	总　数	新增数	拆除数	安装数	项目归属	线缆长度	备注1
1	NR-2.6G AAU	AAU（5G）	副	3	3		3	主设备		新增
2	GPS/北斗天线		副	1	1		1	主设备		新增
3	景观塔	高40m	座	1				铁塔		原有

项目总负责人		专业负责人		XXX设计研究院	
设 计 人		单　　位	mm	XXX机房基站天馈系统安装示意图（二）	
校 审 人		比　　例	1:75		
专业审核人		出 图 日 期	20XX.XX	图号	XXX-05

项目9　室内分布工程制图

【项目概述】

室内分布工程设计中，主要有室内分布工程系统框图、原理图和室分路由图（室分设备安装图）等。图9-1是某小区室内分布工程图纸，有地下室、电梯、楼层室内分布系统原理图及设备安装图等，这里挑选几张有代表性的图纸进行学习。

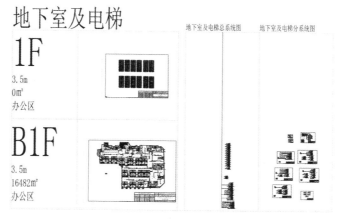

图9-1　某小区室内分布工程图纸

【课前导读】

使学生树立正确的劳动观点和劳动态度，热爱劳动和劳动人民，养成劳动的习惯，是德育的内容之一。室内分布工程中实地勘察和配合物业、企业、建筑公司等部分，需要学生有良好的沟通能力和工作态度。

【技能目标】

1. 能熟练利用阵列和镜像命令快速绘制重复图形。

2. 根据所学知识，能快速美观地绘制室内分布工程的框图、原理图及设备安装路由图。

【素养目标】

1. 树立正确的劳动观点和劳动精神。
2. 培养良好的工作态度。

【教学建议】

项目	任务	子任务	内容介绍	学习方式	建议学时	重难点
项目9 室内分布工程制图	知识准备（课前）	9.1　阵列命令	1. 矩形阵列命令的使用方法 2. 环形阵列命令的使用方法	线上	2	
		9.2　镜像命令	镜像命令的使用方法	线上		
	项目实施（课中）	9.3　系统原理图	某小区地下室室内分布系统原理图	线下	2	
		9.4　室内分布系统原理图的绘制	地下室室内分布系统原理图	线下	4	重点
		9.5　室分路由图的绘制	1. 电梯室内分布设备安装路由图 2. 地下室室内分布设备安装路由图	线下	8	重难点
	技能训练（课后）		1. 某智慧城市管理大楼室分系统图例 2. 某智慧城市管理大楼室分系统拓扑图 3. 某智慧城市管理大楼室分系统原理图 4. 某智慧城市管理大楼室分平面图	作业		

【知识准备】

9.1　阵列命令（ARRAY/AR）

　　【阵列】命令可以同时绘制多个相同的对象，根据对象的排列方式有矩形阵列和环形阵列两种。可以通过【修改】菜单或单击工具栏中的【阵列】按钮，或者输入快捷键 AR 来激活【阵列】命令。

　　【矩形阵列】命令是将选定对象按指定的行数和列数排列成矩形；【环形阵列】命令是将选择的对象按指定的圆心和数目排列成环形。图 9-2 和图 9-3 是两种阵列方式的参数设置。

视频资源

9-1　阵列命令

图 9-2 矩形阵列

图 9-3 环形阵列

在【矩形阵列】参数设置中需要注意的是行偏移的值为正则向上阵列，为负则向下阵列，和直角坐标系中的 y 轴对应。列偏移的值为正则向右阵列，为负则向左阵列，和直角坐标系中的 x 轴对应。阵列的角度为正则逆时针阵列，为负则顺时针阵列。

在【环形阵列】参数设置中需要注意的是填充角度为正则逆时针阵列，为负则顺时针阵列。

【实例操作演示】

将图 9-4（a）所示的圆 A 进行矩形阵列，使之最后效果如图 9-4（b）所示，参数设置如图 9-5 所示。

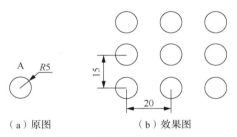

（a）原图　　　　　　　　（b）效果图

图 9-4 矩形阵列练习图

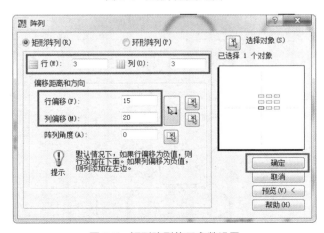

图 9-5 矩形阵列练习参数设置

练一练

用【环形阵列】命令绘制图 9-6 和图 9-7 中的图形。

图 9-6 环形阵列练习图 1

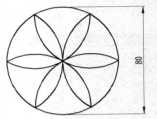

图 9-7 环形阵列练习图 2

9.2 镜像命令（MIRROR/MI）

【镜像】命令用于绘制轴对称图形。原图既可保留，也可删除，屏幕上不显示镜像线。可以通过【修改】菜单或单击工具栏中的【镜像】按钮，或者输入快捷键 MI 来激活【镜像】命令。

【实例操作演示】

将图 9-8（a）中的三角形以 AB 为镜像线进行镜像操作，使之最后效果如图 9-8（b）所示。

视频资源

9-2 镜像命令

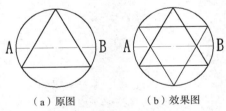

（a）原图 　　　　（b）效果图

图 9-8 【镜像】命令练习图 1

练一练

用【镜像】命令按照图 9-9 中的尺寸绘制图形。

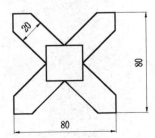

图 9-9 【镜像】命令练习图 2

视频资源

9-3 室内分布
原理框图

【项目实施】

9.3 室内分布原理框图

图号为某项目-01 的图是某小区地下室室内分布原理框图。具体绘制方法可扫描课程视频资源二维码进行学习。

视频资源

9-4 室内分布
系统原理图

9.4 室内分布系统原理图的绘制

图号为某项目-03 的图是某小区地下室室内分布系统原理图。具体绘制方法可扫描课程视频资源二维码进行学习。

视频资源

9-5 电梯室内
分布设备安装
路由图

视频资源

9-6 地下室室内
分布设备安装
路由图

9.5 室内分布设备安装路由图的绘制

图号为某项目-09 的图是某小区电梯室内分布设备安装路由图，图号为某项目-10 的图是某小区地下室室内分布设备安装路由图。具体绘制方法可扫描课程视频资源二维码进行学习。

电子图纸

图某项目-01

电子图纸

图某项目-03

电子图纸

图某项目-09

电子图纸

图某项目-10

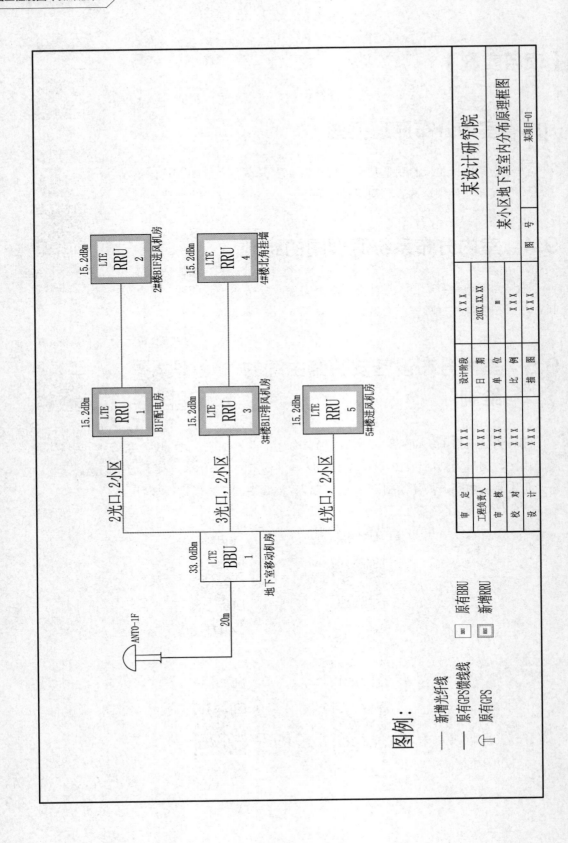

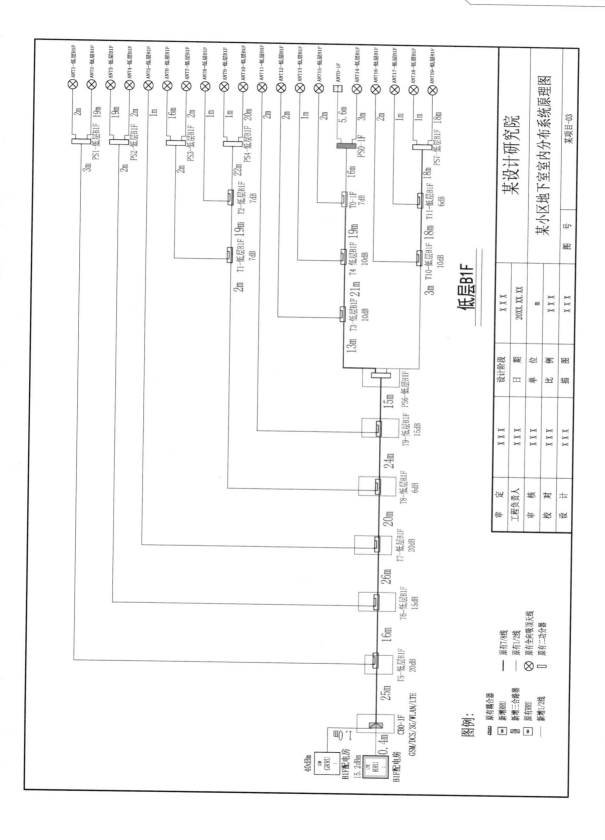

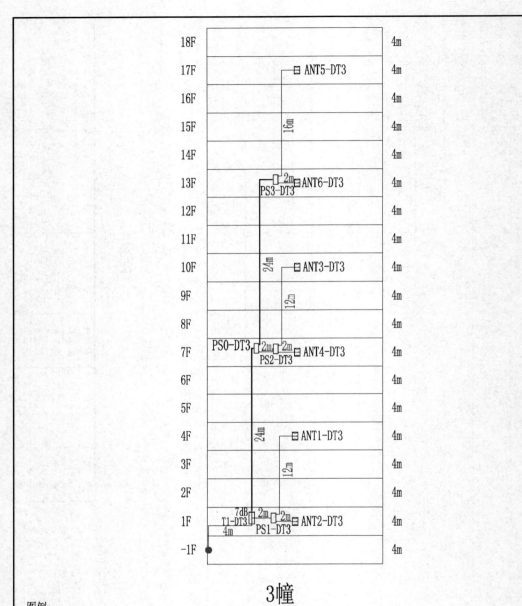

3幢

图例：
▯ 新增P二功分器   —— 新增7/8线
▱ 新增耦合器   — 新增1/2线
● 新增楼层连接点   ▯ 新增P壁挂天线

审　定	×××	设计阶段	×××	某设计研究院
工程负责人	×××	日　期	20XX. XX. XX	
审　核	×××	单　位	m	某小区电梯室内分布设备安装路由图
校　对	×××	比　例	×××	
设　计	×××	描　图	×××	图　号	某项目-09

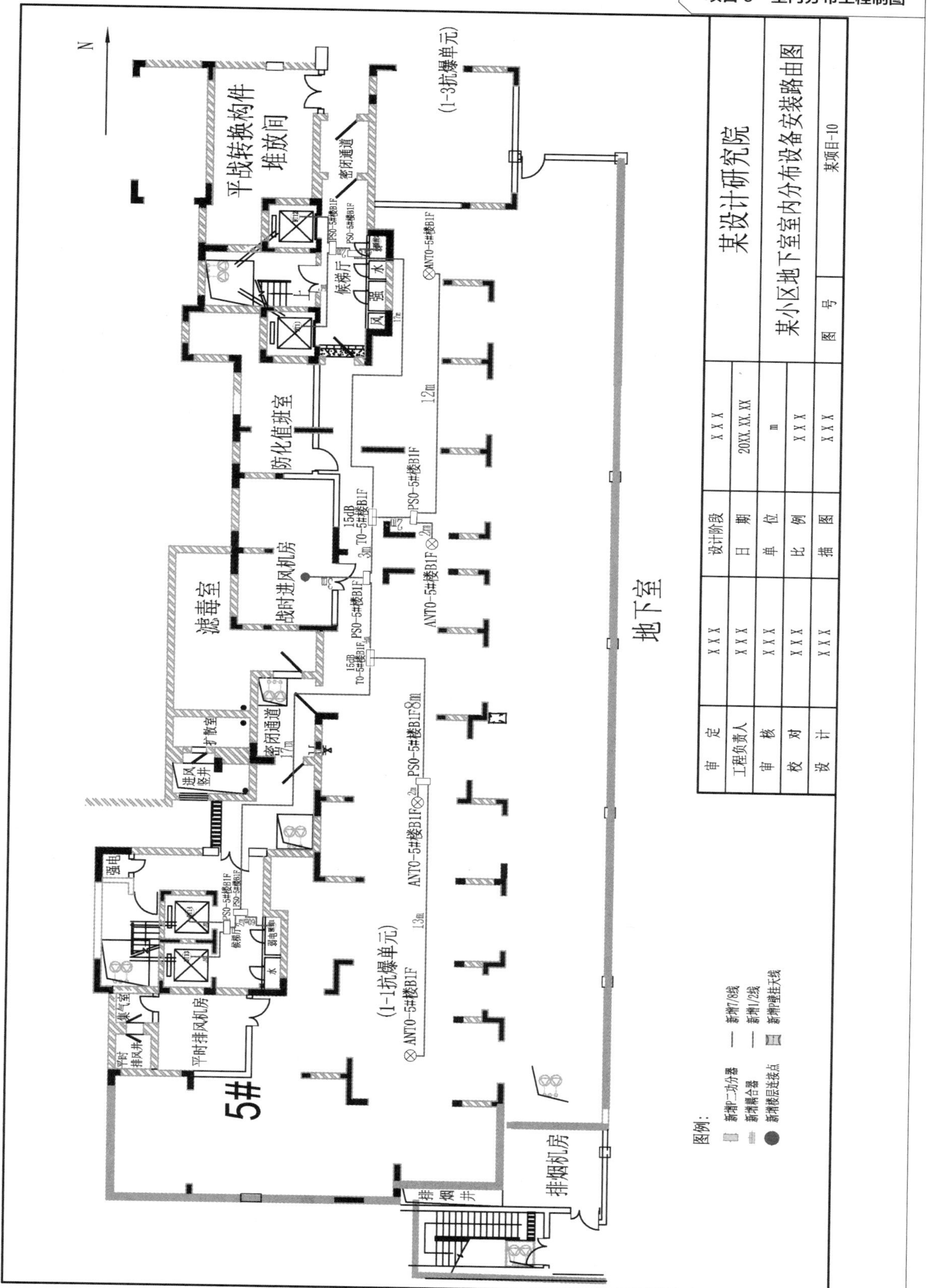
N
平战转换构件
堆放间
(1-3抗爆单元)
密闭通道
候梯厅
PSO-5#楼B1F
ANTO-5#楼B1F
12m
防化值班室
滤毒室
战时进风机房
15dB
TO-5#楼B1F
3m
2m
8m
17m
13m
扩散室
进风竖井
强电
弱电
水
集气室
平时排风机房
排风井
5#
(1-1抗爆单元)
地下室
排烟机房
排烟井
图例：
新增P二功分器
新增耦合器
新增楼层主控点
新增7/8线
新增1/2线
新增P挂壁天线
审　定　X X X
工程负责人　X X X
审　核　X X X
校　对　X X X
设　计　X X X
设计阶段　X X X
日　期　20XX. XX. XX
单　位　m
比　例　X X X
描　图　X X X
某设计研究院
某小区地下室室内分布设备安装路由图
图　号　某项目-10

【技能训练】

1. 按照图 9-10 和图 9-11 中的尺寸绘制图形。

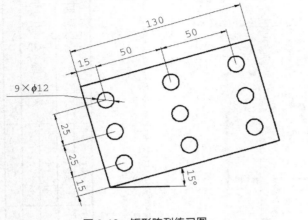

图 9-10　矩形阵列练习图

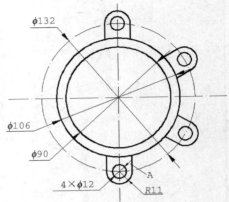

图 9-11　环形阵列练习图

2. 按照图 9-12 和图 9-13 中的尺寸绘制图形。

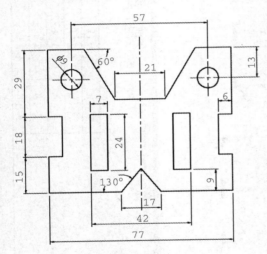

图 9-12　镜像命令练习图 1

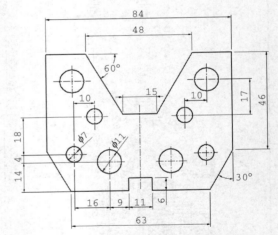

图 9-13　镜像命令练习图 2

3. 图 9-14 为某智慧城市管理大楼 NR 室内分布工程设计图（仅作示意，具体细节可扫描相应电子图纸二维码观看），部分详细内容见下页二维码：

（1）图号为 MZHCSGLDLSF-XTTL-01 的图为某智慧城市管理大楼室分系统图例；

（2）图号为 MZHCSGLDLSF-XTTP-(01/02)的图为某智慧城市管理大楼室分系统拓扑图；

（3）图号为 MZHCSGLDLSF-XTYL-(02/05)的图为某智慧城市管理大楼室分系统原理图；

（4）图号为 MZHCSGLDLSF-PM-(01/06)的图为某智慧城市管理大楼室分平面图。

每张图纸的具体内容详见下页二维码，完成以上图纸的绘制（注意绘图速度及美观度）。

某智慧城市管理大楼SFNR【A】

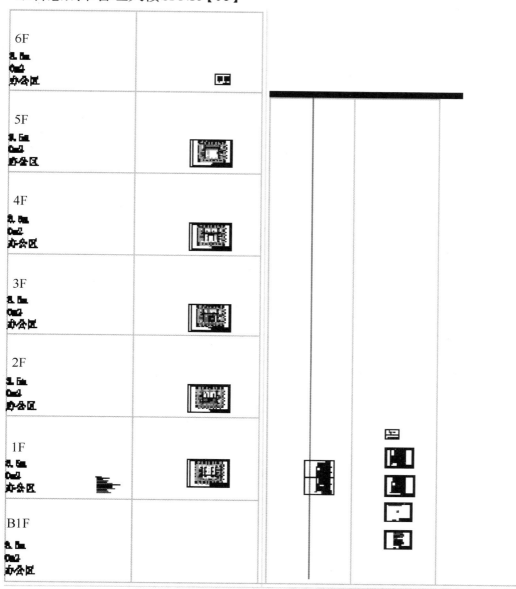

图 9-14　某智慧城市管理大楼 NR 室内分布工程设计图

电子图纸

图 MZHCSGLDL
SF-XTTL-01

电子图纸

图 MZHCSGLDL
SF-XTTP-
(01/02)

电子图纸

图 MZHCSGLDL
SF-XTYL-
(02/05)

电子图纸

图 MZHCSGLDL
SF-PM-(01/06)

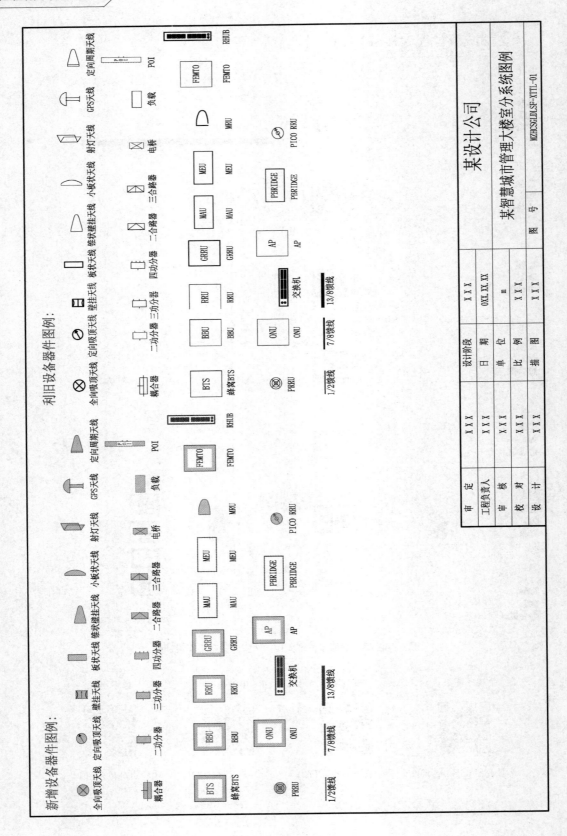

新增设备器件图例：

全向吸顶天线　定向吸顶天线　壁挂天线　板状天线　锥状壁挂天线　小板状天线　射灯天线　GPS天线　定向周期天线

耦合器　二功分器　三功分器　四功分器　二合路器　三合路器　电桥　负载　POI　RHUB

蜂窝BTS　BBU　RRU　GRRU　MAU　MEU　PBRIDGE　FEMTO

PRRU　ONU　交换机　AP　MRU　PICO RRU

1/2馈线　7/8馈线　13/8馈线

利旧设备器件图例：

全向吸顶天线　定向吸顶天线　壁挂天线　板状天线　锥状壁挂天线　小板状天线　射灯天线　GPS天线　定向周期天线

耦合器　二功分器　三功分器　四功分器　二合路器　三合路器　电桥　负载　POI　RHUB

蜂窝BTS　BBU　RRU　GRRU　MAU　MEU　PBRIDGE　FEMTO

PRRU　ONU　交换机　AP　MRU　PICO RRU

1/2馈线　7/8馈线　13/8馈线

某设计公司

某智慧城市管理大楼室分系统图例

		设计阶段	X X X
审　定	X X X	日　期	OXX.XX.XX
工程负责人	X X X	单　位	田
审　核	X X X	比　例	X X X
校　对	X X X	描　图	X X X
设　计	X X X		

图　号　　MZHCSGLDLSF-XTTL-01

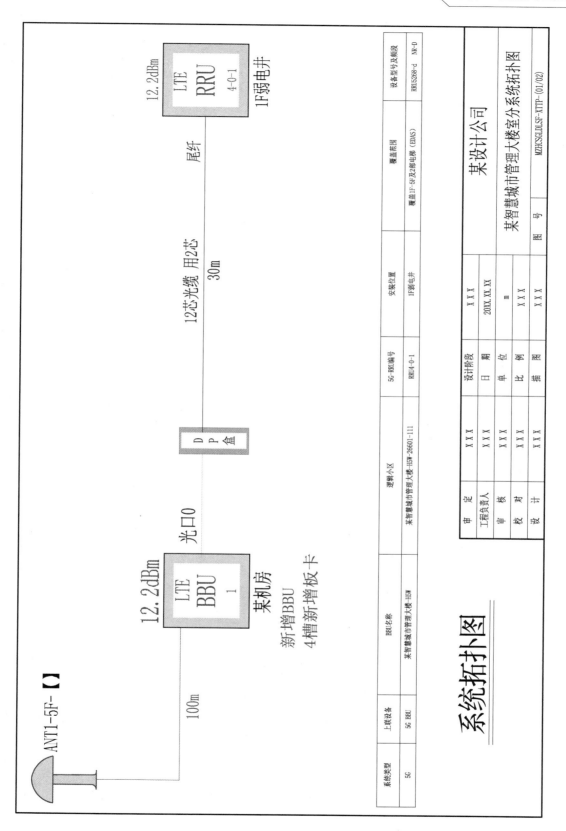

系统拓扑图

系统类型	上联设备	BBU名称	逻辑小区	5G-RRU编号	安装位置	覆盖范围	设备型号及频段
5G	5G BBU	某智慧城市管理大楼-H5W	某智慧城市管理大楼-26601-111	RRU4-0-1	1F弱电井	覆盖1F-5F及2部电梯（EDAS）	RRU5268-d NR-D

某设计公司

某智慧城市管理大楼室分系统拓扑图

审 定	X X X	设计阶段	X X X		某智慧城市管理大楼室分系统拓扑图
工程负责人	X X X	日 期	20XX.XX.XX		
审 核	X X X	单 位	m		
校 对	X X X	比 例	X X X		
设 计	X X X	描 图	X X X	图 号	MZHCSGLDLSF-XTTP-(01/02)

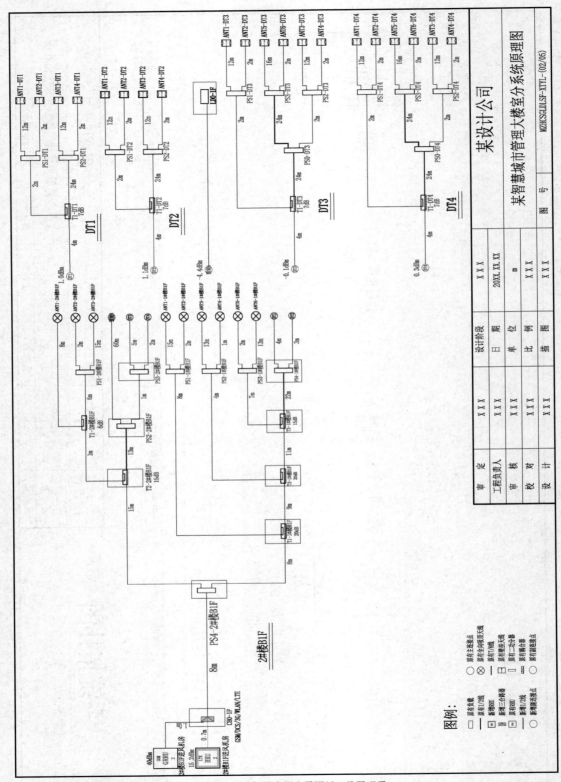

注：本图部分图例线型区别不明显，具体细节请扫描本图电子图纸二维码观看。

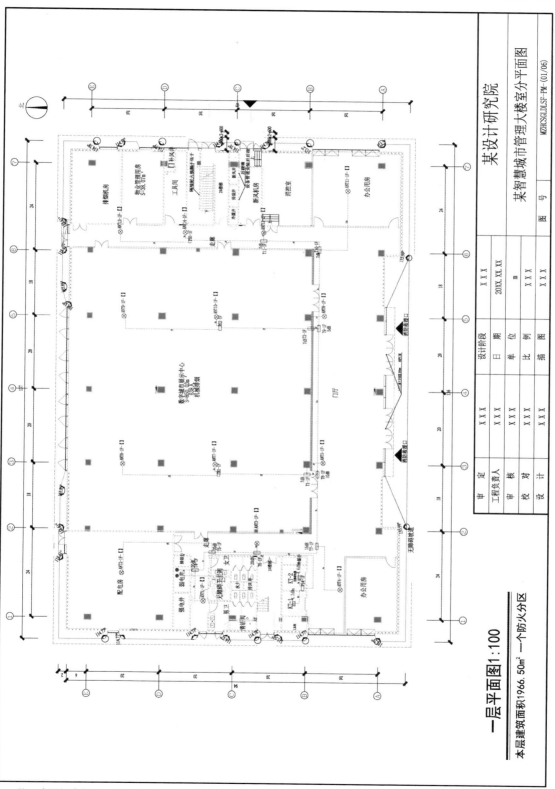

一层平面图1:100

本层建筑面积1966.50m² 一个防火分区

某设计研究院

某智慧城市管理大楼室分平面图

注：本图较为复杂，具体细节请扫描本图电子图纸二维码观看。

10 项目 10　通信线路工程制图

【项目概述】

通信线路工程施工图的绘制，总体来说，要求具有统一性、整体性和协调性。通信线路工程图常见有两大类，即架空线路工程施工图和管道线路工程施工图。通过本项目的学习，学生要对通信线路工程制图有基本的识读能力以及熟练的绘制能力。

【课前导读】

精益求精是工匠精神的核心内涵。工匠精神是一种职业精神，是职业道德、职业能力、职业品质的体现，是从业者的一种职业价值取向和行为表现。在绘制通信工程项目图纸时，不要有"差不多就可以了"的想法，一定要永不懈怠，精益求精，追求规范。

【技能目标】

1. 熟练应用倒角、圆角、拉伸命令对所绘制图形进行编辑修改。
2. 熟练应用打断与合并命令对所绘制图形进行编辑修改。
3. 掌握通信线路周边参照物的绘制。
4. 能运用所学的知识，进行架空线路工程路由图的绘制。
5. 能运用所学的知识，进行管道线路工程路由图的绘制。

【素养目标】

1. 培养精益求精的工作作风。
2. 培养工匠精神，树立正确的职业价值观。

【教学建议】

项目	任务	子任务	内容介绍	学习方式	建议学时	重难点
项目 10 通信线路工程制图	知识准备（课前）	10.1 倒角命令	1. 倒角命令的常规用法 2. 倒角命令的特殊用途	线上	2	
		10.2 圆角命令	圆角命令的使用方法			重点
		10.3 拉伸命令	拉伸命令的使用方法			
		10.4 打断与合并命令	1. 打断命令的使用方法 2. 打断于点功能的使用技巧 3. 合并命令的使用方法			
	项目实施（课中）	10.5 通信线路周边参照物的绘制	通信线路周边参照物的绘制	线下	2	
		10.6 架空线路工程路由图的绘制	架空线路工程路由图的绘制	线下	2	重点
		10.7 管道线路工程路由图的绘制	管道线路工程路由图的绘制	线下	2	重点
		10.8 光缆工程配纤图的绘制	光缆配纤图的绘制	线下	2	重点
	技能训练（课后）		1. 光缆施工图 2. 管道施工图	作业		

【知识准备】

10.1 倒角命令（CHAMFER/CHA）

【倒角】命令是在两条非平行线之间创建直线的命令。它通常用于表示角点上的倒角边，可以为直线、多段线、构造线和射线加倒角。可以通过【修改】菜单或单击工具栏中的【倒角】按钮，或者输入快捷键 CHA 来激活【倒角】命令。

可以采用多种方法绘制倒角，如图 10-1 所示。注意：第一条直线对应第一倒角距离，第二条直线对应第二倒角距离。若倒角距离大于直线长度，则【倒角】命令无效。

视频资源

10-1 倒角命令

选择第一条直线或 [放弃(U)/多段线(P)/距离(D)/角度(A)/修剪(T)/方式(E)/多个(M)]：

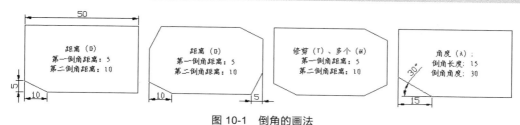

图 10-1 倒角的画法

【实例操作演示】

将图 10-2（a）所示的两条直线进行倒角处理，使之最后效果如图 10-2（b）所示。

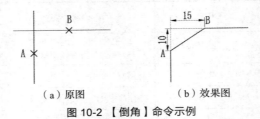

（a）原图　　　　　　（b）效果图

图 10-2 【倒角】命令示例

特殊用途：可利用【倒角】命令绘制两条相交直线的夹角，如图 10-3 所示，具体用法如下。

图 10-3 【倒角】命令的特殊用途

```
命令：_CHAMFER
（"修剪"模式）当前倒角距离 1 = 0.0000，距离 2 = 0.0000　//这里一定要注意两个倒角
                                                      //距离均为 0
选择第一条直线或[放弃(U)/多段线(P)/距离(D)/角度(A)/修剪(T)/方式(E)/多个(M)]：
选择第二条直线，或按住 Shift 键选择要应用角点的直线：
```

10.2　圆角命令（FILLET/F）

【圆角】命令用于通过一个指定半径的圆弧快捷平滑地连接两个对象。用户可以为两段直线、圆弧、多段线、构造线及射线加圆角。可以通过【修改】菜单或单击工具栏中的【圆角】按钮，或者输入快捷键 F 来激活【圆角】命令。注意：若圆角的半径大于连接对象长度，则【圆角】命令无效；半径值为"0"或比连接对象长度小很多，也达不到直观的圆角效果。

视频资源

10-2　圆角命令

可以采用多种方法绘制圆角，如图 10-4 所示，可以根据下面命令栏的提示进行选择。

```
选择第一个对象或 [放弃(U)/多段线(P)/半径(R)/修剪(T)/多个(M)]：
```

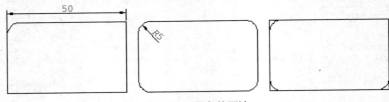

图 10-4　圆角的画法

【实例操作演示】

将图 10-5（a）所示的两条直线进行圆角处理，使之最后效果如图 10-5（b）所示。

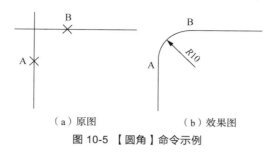

（a）原图　　　　　　　（b）效果图

图 10-5　【圆角】命令示例

练一练

按照图 10-6 和图 10-7 中的尺寸绘制图形。

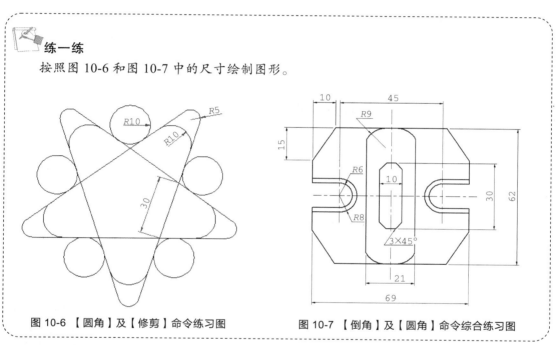

图 10-6　【圆角】及【修剪】命令练习图　　　图 10-7　【倒角】及【圆角】命令综合练习图

10.3　拉伸命令（STRETCH/S）

使用【拉伸】命令可以按指定的方向和角度拉伸或缩短实体，可以拉长、缩短或改变对象的形状。执行该命令后，必须用交叉窗口选择要拉伸或压缩的对象，交叉窗口内的端点会被移动，而窗口外的端点不动。与窗口边界相交的对象被拉伸或压缩，同时保持与图形未动部分相连。可以通过【修改】菜单或单击工具栏中的【拉伸】按钮，或者输入快捷键 S 来激活【拉伸】命令。

视频资源

10-3　拉伸命令

注意　　　上下左右均可拉伸，选择对象一定要以交叉的方式，从右往左选择，选中需要拉伸的端点。

【实例操作演示】

运用【拉伸】命令将图 10-8（a）所示的图形水平拉伸一个杆距，过程如图 10-8（b）所示，使之效果如图 10-8（c）所示。

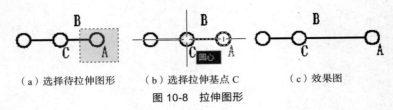

（a）选择待拉伸图形　　（b）选择拉伸基点 C　　（c）效果图

图 10-8　拉伸图形

练一练

采用【拉伸】命令将图 10-9 左图修改为右图效果。

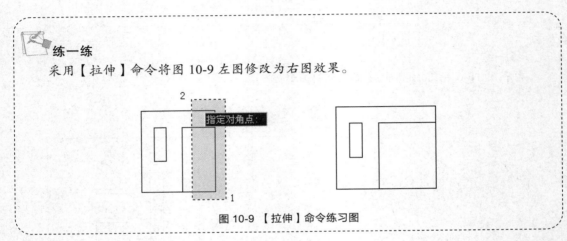

图 10-9　【拉伸】命令练习图

10.4　打断与合并命令

1. 打断命令（BREAK/BR）

【打断】命令用于删除对象上两个指定点间的部分（打断），或者将它们从某一点打断为两个对象（打断于点），如图 10-10 所示。可以通过【修改】菜单或单击工具栏中的【打断】按钮，或者输入快捷键 BR 来激活【打断】命令。注意：选择打断点位置时，尽量关闭对象捕捉，以防捕捉到端点上。

打断于点（BREAK）：选择对象→第一个打断点。

打断：选择对象（第一个打断的点）→第二个打断点。

视频资源

10-4　打断与合并命令

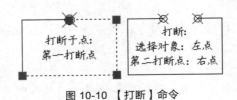

图 10-10　【打断】命令

【实例操作演示】

运用【打断】命令将图 10-11（a）所示图形中的 A、B 间部分打断，打断后的效果如图 10-11（b）所示。

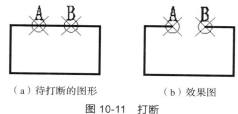

（a）待打断的图形　　　　　　（b）效果图

图 10-11　打断

运用【打断】命令将图 10-12（a）所示图形中的 A 点处打断，打断后的效果如图 10-12（b）所示。

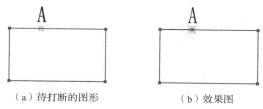

（a）待打断的图形　　　　　　（b）效果图

图 10-12　打断于点

练一练

将图 10-13 中的圆，在 A、B 两点处打断。

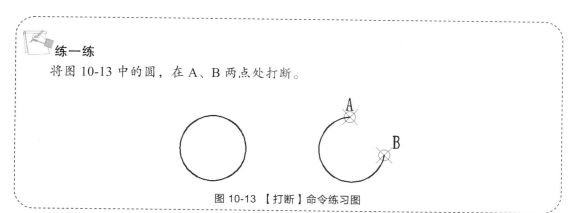

图 10-13　【打断】命令练习图

2. 合并命令（JOIN）

同一类型、同一圆上、同一直线上、同一平面上的两个对象才可能被合并。合并后对象的属性同源。可以通过【修改】菜单或单击工具栏中的【合并】按钮来激活【合并】命令。

注意

只能合并某一连续图形上的两个部分，或者将某段圆弧闭合为整圆。

【实例操作演示】

运用【合并】命令将图 10-14（a）所示图形中的 A、B 两条直线合并成一条直线，合并后的效果如图 10-14（b）所示。

（a）待合并的直线图形　　　　　　（b）效果图

图 10-14　合并直线

运用【合并】命令将图 10-15（a）所示图形中的圆弧合并成一个圆，合并后的效果如图 10-15（b）所示。

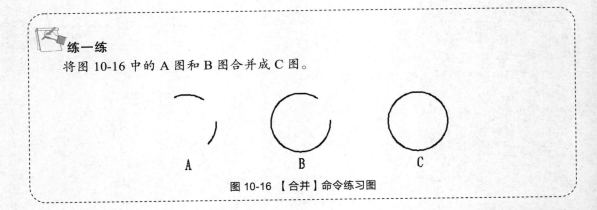

（a）待合并的圆弧图形　　　　　　（b）效果图

图 10-15　合并圆弧

练一练

将图 10-16 中的 A 图和 B 图合并成 C 图。

A　　　　　　　　B　　　　　　　　C

图 10-16　【合并】命令练习图

视频资源

10-5　通信线路
周边参照物的绘制

【项目实施】

10.5　通信线路周边参照物的绘制

（1）确认图纸中地形图北的方向。

（2）要求地形图中参照物的大小合适，所在图纸中的位置准确。参照物主要是由小区、乡镇村庄、道路名称、医院、学校、工厂等建筑物，河流、大桥、森林、池塘、田地、丘陵、山地等地形组成。参照物必须与现场实际情况一致，主要道路必须标明道路名称，无路名道路用箭头标注出前方的目的地。

（3）注意参照物中的文字角度要符合书写要求。

根据上面的要求在 A4 幅面中绘制图 10-17 所示的通信线路周边参照物图。

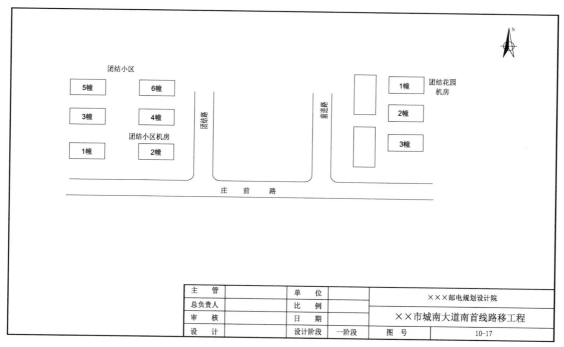

图 10-17   通信线路周边参照物图

10.6   架空线路工程路由图的绘制

通信线路工程施工图的绘制，总体来说，要求线路图具有统一性、整体性和协调性。

1. 方向标

完整的草图不能缺少方向标，方向标对于工程图纸来说就像人的一双眼睛那么重要，线路工程图纸之中一般所画方向标是指北针，指北针的方向一般向上或向左，禁止向右或向下。指北针一般处于草图的右上方。每张路由图图纸上要有指北针，指北针方向必须准确。

视频资源

10-6   架空线路工程路由图的绘制

2. 布置架空杆路

（1）主要绘制水泥杆和吊线。区分新建还是原有。

（2）原有水泥杆用空心圆表示；新建水泥杆用实心圆表示，要标注杆高、杆号、土质。

（3）原有吊线用细线表示，要标注是否是附挂；新建吊线或利用原有杆路新设吊线用粗线表示，要画杆面图。

（4）注意路与杆线之间距离的比例。

（5）核对路由是否符合现场查勘情况。

3．拉线

（1）原有拉线用细线表示，新建拉线用粗线表示，并标注拉线型号、土质，考虑是否需要加注拉线警示管。

（2）终端拉线与吊线方向对应，角杆拉线要在角的平分线上。

（3）添加人字拉、四方拉、终端拉线。一般情况下，每 8 档做一个人字拉，在平原地区可每 32 档做四方拉，注明"做双向假终结"。一般角度大于等于 45° 做终端拉线。（具体以各建设方要求为准）

4．添加杆号

（1）取两站点站名的前一个字母，如新河站-府横街的杆号为 XFP01。（具体以各建设方要求为准）

（2）原有杆号按原有杆号标注。

（3）新建杆路杆号牌只标单数，不标注双数，如 1、3、5、7 等。

5．添加接地线

（1）吊线终结的地方要做直埋式接地。

（2）每 1 千米处加一个，在有转角杆拉线的位置时，要加接地线。

6．其他障碍物的处理

（1）在杆路与管道衔接处，要标注好钢管引上高度。

（2）进出基站处理。（注：在新建情况下，要注明"站内预留××m"）。

（3）特殊障碍处理。（注：过特殊道路时应增加杆高，杆路在过河时，若超过 120m，则做辅助吊线，具体以现场为准）

7．分割图纸

（1）对于图幅较大的图纸，可以采用分割图纸的方法，尽量充满图框空间。

（2）分割图纸，必须要用接图符进行连接。

（3）注意指北针一定要随着路由一起旋转。

8．注意事项及图纸信息

（1）在绘图中要注意工程标准统一，如字号大小的统一、尺寸标注大小的统一。

（2）为了便于后期图纸中工程量的统计，建议区分图层。

（3）添加图例、工作量信息、图名和图号。

根据上面的要求，在 A4 幅面中绘制图 10-18 所示的架空线路工程路由图。

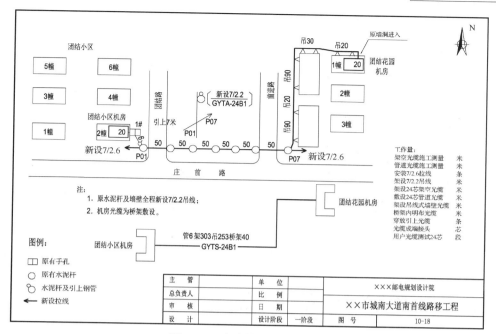

图 10-18　架空线路工程路由图

10.7　管道线路工程路由图的绘制

图 10-19 所示是某管道线路工程路由图，按照下面的要求绘制完整。

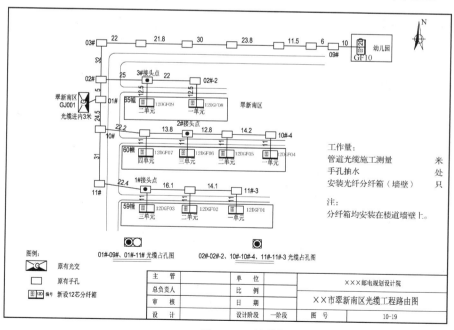

工作量：
管道光缆施工测量　　　米
手孔抽水　　　　　　　处
安装光纤分纤箱（墙壁）　只

注：
分纤箱均安装在楼道墙壁上。

视频资源

10-7　管道线路
工程路由图的绘制

图 10-19　管道线路工程路由图

（1）方向标的绘制。

（2）在绘图中要注意工程标准统一。

（3）布置管道路由。（注：让工程负责人员核对路由是否符合现场情况）

（4）添加参照物。（注：管道及人井的准确参照物）

（5）编人手孔孔号。（注：根据工程要求编号）

（6）必须在图纸上标明管道段距离。

（7）画管道断面图。标注清管孔程式，标注本次工程所占的管孔位置。

（8）画人手孔建筑方式图。

（9）截图、加接头符号。

（10）加主要工作量表。

（11）加图名、图号。

10.8 光缆工程配纤图的绘制

图 10-20 所示是某管道的光缆配纤图，按照下面的要求绘制完整。

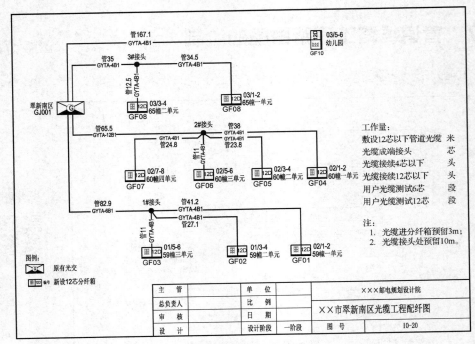

图 10-20 光缆配纤图

（1）光缆信息必须包含光缆起点、终点、长度（包括段长度和光缆总长度）、型号、芯数。

（2）光缆铺设方式（架空、墙钉、墙吊、管道、直埋）。

（3）光缆钉、吊必须标清位置，标明米数。

（4）引上光缆需标清引上方式。

（5）有光缆盘留的，需标明盘留的位置及盘留的长度。

（6）图纸需标明光缆的纤芯分配图、纤芯接续图。（纤芯分布及预留纤芯位置必须明确。）

（7）有光缆接头，则需标明光缆接头盒位置、类型及安装方式。

【技能训练】

1. 建议在 60 分钟内，完成图 10-21 所示的光缆施工图。

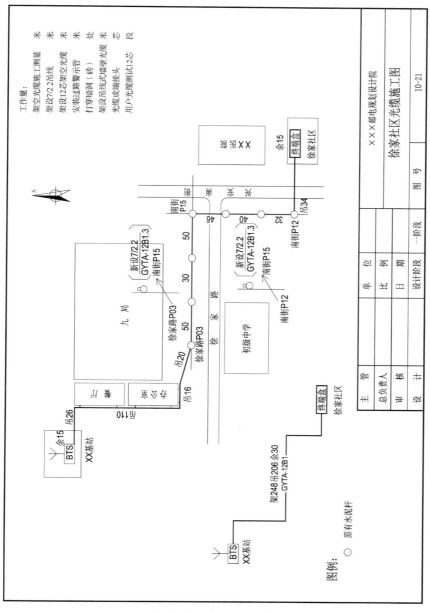

图 10-21　光缆施工图

2. 建议在 60 分钟内，完成图 10-22 所示的管道施工图。

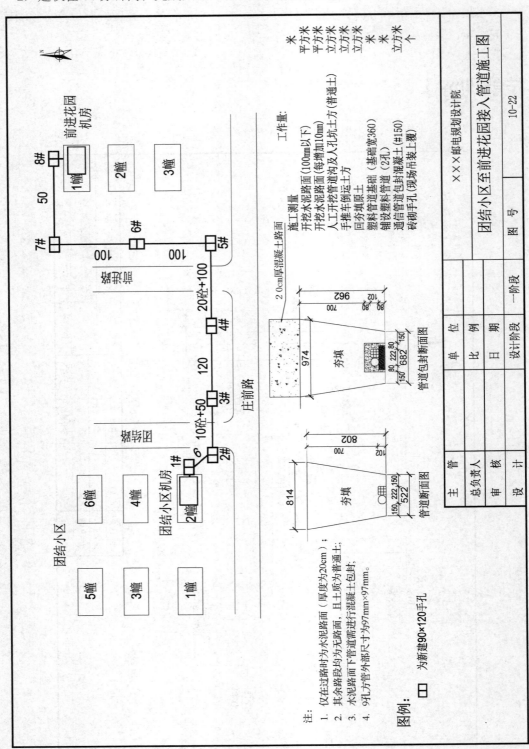

图 10-22　管道施工图

附录 通信工程设计图例

中华人民共和国通信行业标准

YD

YD/T 5015—2015

通信工程制图与图形符号规定

Rules and Regulations for Drawing and Graphical
Symbols for Communication Engineering

2015-10-10 发布　　　　2016-01-01 实施

中华人民共和国工业和信息化部　发布

5.1　　　　　　　　　　　　　　　　**符号要素**[①]

序号	名称	图例	说明
1-1	基本轮廓线		元件、装置、功能单元的基本轮廓线
1-2	辅助轮廓线		元件、装置、功能单元的辅助轮廓线
1-3	边界线	— · — · — · —	功能单元的边界线
1-4	屏蔽线（护罩）		

5.2　　　　　　　　　　　　　　　　**限定符号**

序号	名称	图例	说明
2-1	非内在的可变性		
2-2	非内在的非线性可变性		
2-3	内在的可变性		
2-4	内在的非线性可变性		
2-5	预调、微调		
2-6	能量、信号的单向传播（单向传输）		
2-7	同时发送和接收		同时双向传播（传输）
2-8	不同时发送和接收		不同时双向传播（传输）
2-9	发送		
2-10	接收		

---

　　① 说明：为了方便读者查阅，附录中的表格序号与 YD/T 5015—2015《通信工程制图与图形符号规定》中的表格序号一致。

5.3　　　　　　　　　　　　　　　　　连接符号

序号	名称	图例	说明
3-1	连接、群连接	形式1：　　形式2：	导线、电缆、线路、传输通道等的连接
3-2	T型连接		
3-3	双T型连接		
3-4	十字双叉连接		
3-5	跨越		
3-6	插座		包含家用2孔、3孔以及常用4孔
3-7	插头		
3-8	插头和插座		

5.4　　　　　　　　　　　　　　　　　传输系统

序号	名称	图例	说明
4-1	传输设备节点基本符号		图例中心的*表示节点传输设备的类型，可以为P、S、M、A、W、O、F等；其中P表示PDH设备，S表示SDH设备，M表示MSTP设备，A表示ASON设备，W表示WDM设备，O表示OTN设备，F表示分组传送设备。在图例不混淆情况下，可省略*的标识
4-2	传输链路		
4-3	微波传输		两边圆弧表示微波天线
4-4	双向光纤链路		
4-5	单向光纤链路		
4-6	公务电话		
4-7	延伸公务电话		

序号	名称	图例	说明
4-8	设备内部时钟		
4-9	大楼综合定时系统		
4-10	时间同步设备	BT	B 表示 BITS 设备，T 表示时间同步
4-11	时钟同步设备	BF	B 表示 BITS 设备，F 表示频率同步
4-12	网管设备		
4-13	ODF/DDF 架		
4-14	WDM 终端型波分复用设备		16/32/40/80 波等
4-15	WDM 光线路放大器		可变形为单向放大器
4-16	WDM 光分插复用器		16/32/40/80 波等
4-17	1∶n 透明复用器		在图例不混淆情况下，可省略 1∶n 的标识
4-18	SDH 终端复用器		
4-19	SDH 分插复用器		
4-20	SDH /PDH 中继器		可变形为单向中继器
4-21	DXC 数字交叉连接设备		
4-22	OTN 交叉设备		

序号	名称	图例	说明
4-23	分组传送设备		
4-24	PDH 终端设备		

5.5　　　　　　　　　　　　　　通信线路

5.5.1　线路拓扑

序号	名称	图例	说明
5-1	局站		适用于光缆图
5-2	局站（汇接局）		适用于拓扑图
5-3	局站（端局、接入机房、宏基站）		适用于拓扑图
5-4	光缆		适用于拓扑图
5-5	光缆线路	L　A　a　b　B	a、b：光缆型号以及芯数。 L：A、B 两点之间光缆段长度（单位：米）；A、B 为分段标注的起始点
5-6	光缆直通接头	A	A：光缆接头地点
5-7	光缆分支接头	A	A：光缆接头地点
5-8	光缆拆除	L　A　ab　B	A、B 为分段标注的起始点。 a、b：拆除光缆的型号及芯数。 L：A、B 两点之间的光缆段长度（单位：米）
5-9	光缆更换	L　A　ab　(ab)　B	A、B 为分段标注的起始点。a、b：新建光缆的型号及芯数。$(a$、$b)$：原有光缆型号及芯数。 L：A、B 两点之间的光缆段长度（单位：米）
5-10	光缆成端（骨干网）	O D F　1　2　$\vdots$　$n-1$　n	1.　数字：纤芯排序号。 2.　实心点代表成端；无实心点代表断开
5-11	光缆成端（一般网）	O D F　GYTA–36D　1–36	GYTA–36D：光缆的型号及容量。 1-36：光缆纤芯的号段
5-12	光纤活动连接器		

5.5.2 线路标识

序号	名称	图例	说明
5-13	直埋线路		*A、B* 为分段标注的起始点，应分段标注。 *L*：*A、B* 端点之间的距离（单位：米）
5-14	水下线路 （或海底线路）		*A、B* 为分段标注的起始点，应分段标注。 *L*：*A、B* 端点之间的距离（单位：米）
5-15	架空线路		*L*：两杆之间的距离（单位：米），应分段标注
5-16	管道线路		*A、B*：两人（手）孔的位置，应分段标注。 *L*：两人（手）孔之间的管道段长（单位：米）
5-17	管道线缆占孔位置图 （双壁波纹管） （穿3根子管）		1. 画法：画于线路路由旁，按 *A-B* 方向分段标注。 2. 管道使用双壁波纹管管材，大圆为波纹管的管孔，小圆为波纹管内穿放的子管管孔。 3. 实心圆为本工程占用，斜线为现状已占用。 4. *a、b*：敷设线缆的型号及容量
5-18	管道线缆占孔位置图 （多孔一体管）		1. 画法：画于线路路由旁，按 *A-B* 方向分段标注。 2. 管道使用梅花管管材。 3. 实心圆为本工程占用，斜线为现状已占用。 4. *a、b*：敷设线缆的型号及容量
5-19	管道线缆占孔位置图 （栅格管）		1. 画法：画于线路路由旁，按 *A-B* 方向分段标注。 2. 管道用栅格管管材。 3. 实心圆为本工程占用，斜线为现状已占用。 4. *a、b*：敷设线缆的型号及容量
5-20	墙壁架挂线路 （吊线式）		1. 三角形为吊线支持物。 2. 三角形上方线段为吊线及线缆。 3. *A、B* 为分段标注的起始点。 4. *L* 为 *A、B* 两点之间的段长（单位：米），应按 *A-B* 分段标注。 5. *D* 为吊线的程式。 6. *a、b*：线缆的型号及容量
5-21	墙壁架挂线路 （钉固式）		1. 多个小短线段上方的长线段为线缆。 2. *A、B* 为分段标注的起始点。 3. *L* 为 *A、B* 两点之间的段长（单位：米），应按 *A-B* 分段标注。 4. *a、b*：线缆的型号及容量
5-22	电缆气闭套管		
5-23	电缆充气点（气门）		
5-24	电缆带气门 的气闭套管		
5-25	电缆检测线引出套管		
5-26	电缆气压报警套管		
5-27	线缆预留		画法：画于线路路由旁。*A*：线缆预留地点。*m*：线缆预留长度（单位：米）

续表

序号	名称	图例	说明
5-28	线缆蛇形敷设	A d/s B	画法：画于线路路由旁。d：A、B 两点之间的直线距离（单位：米）。s：A、B 两点之间的线缆蛇形敷设长度（单位：米）
5-29	水线房		
5-30	通信线路巡房		
5-31	通信线交接间		
5-32	水线通信线标志牌	或	单杆或 H 杆
5-33	直埋通信线标志牌		
5-34	防止通信线蠕动装置		
5-35	埋式线缆上方保护	铺m、n米 线缆	1. 画法：断面图画于图纸中线路的路由旁，适当放大比例，合适为宜。 2. 直埋线缆线上方的保护方式有铺砖和水泥盖板等。m：保护材质种类（砖、水泥盖板）。n：保护段长度（单位：米）
5-36	埋式线缆穿管保护	穿$\Phi_{m、n}$ 线缆	1. 画法：断面图画于图纸中线路的路由旁，适当放大比例，合适为宜。 2. 直埋线缆外穿套管保护，有钢管、塑料管等。Φ：保护套管直径（单位：毫米）。m：保护套管材料种类（钢管、塑料管等）。n：套管的保护长度（单位：米）
5-37	埋式线缆上方敷设排流线	L A $m×n$ B 线缆	1. 画法：排流线一般都以附页方式集中出图.应按 A-B 分段标注。 2.勘察中的实测数据： L 为线缆 A、B 两点之间的距离（单位：米）；$m×n$ 为排流线材料种类、程式及条数
5-38	埋式线缆旁敷设消弧线	$m×n$ r d A 线缆	1. 画法：平面图画于图纸中线路路由旁，适当放大比例，合适为宜。 2. 勘察中的实测数据： A 为线缆旁敷设消弧线的地点；r 为消弧线敷设的圆弧半径（单位：米）；d 为消弧线与光缆之间的水平距离（单位：米）；$m×n$ 为消弧线材料种类、程式及条数
5-39	直埋线缆保护（护坎）	h B护坎 $m×n$	画法：画于图纸中线路路由旁。B：直埋线缆保护种类（如石砌或三七土护坎）。h：护坎的高度（单位：米）。m：护坎的宽度。n：护坎的厚度
5-40	直埋线缆保护（沟堵塞）	h 石砌沟堵塞	画法：画于图纸中线路路由旁。勘察中的实测数据：h 为沟堵塞的高度（单位：米）
5-41	直埋线缆保护（护坡）	L 石砌护坡 $m×n$	画法：画于图纸中线路路由旁。勘察中的实测数据：L 为护坡的长度（单位：米）；m 为护坎的宽度；n 为护坎的深度

序号	名称	图例	说明
5-42	架空线缆交接箱	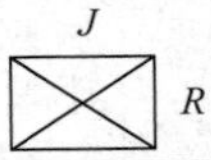	J：交接箱编号，为字母及阿拉伯数字。R：交接箱容量
5-43	落地线缆交接箱		J：交接箱编号，为字母及阿拉伯数字。R：交接箱容量
5-44	壁龛线缆交接箱	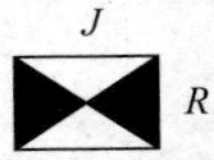	J：交接箱编号，为字母及阿拉伯数字。R：交接箱容量
5-45	电缆分线盒	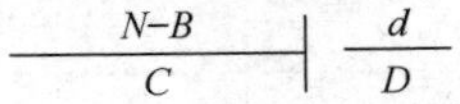	N：分线盒编号。d：现有用户数。B：分线盒容量。D：设计用户数。C：分线盒线序号段
5-46	电缆分线箱	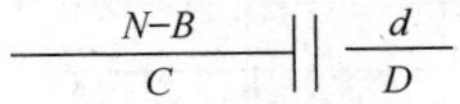	N：分线箱编号。d：现有用户数。B：分线箱容量。D：设计用户数。C：分线箱线序号段
5-47	电缆壁龛分线箱	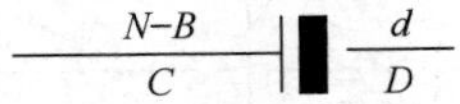	N：分线箱编号。d：现有用户数。B：分线箱容量。D：设计用户数。C：分线箱线序号段
5-48	电缆平衡套管	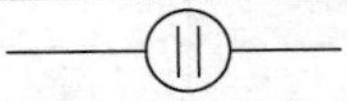	
5-49	电缆加感套管	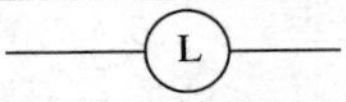	
5-50	直埋线缆标石	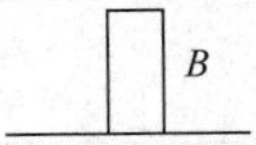	B：直埋线缆标石种类（接头、转弯点、预留等）
5-51	更换		
5-52	拆除		
5-53	线缆割接符号	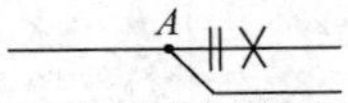	A：割接点位置
5-54	缩节线（延长线）		
5-55	待建或规划线路	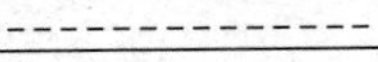	
5-56	接图线（本页图纸内的上图）		1. 画法：画于通信线路上图的末端处，垂直于通信线。2. m 为字母及阿拉伯数字
5-57	接图线（本页图纸内的下图）	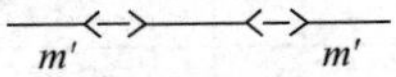	1. 画法：画于通信线路下图的首端处，垂直于通信线。2. m 为字母及阿拉伯数字
5-58	接图线（相邻图间）	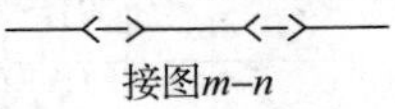 接图m-n	1. 画法：在主图和分图中，分别标注相互连接的图号；2. m 为图纸编号，n 为阿拉伯数字
5-59	通信线与电力线交越防护	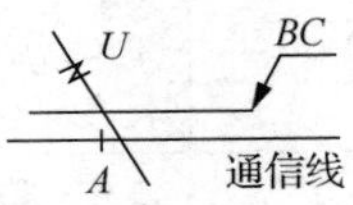	画法：画于图纸中线路路由中。 A：与电力线交越的通信线的交越点。 U：电力线的额定电压值，单位为 kV。 B：通信线防护套管的种类。 C：防护套管的长度（单位：米）
5-60	指北针	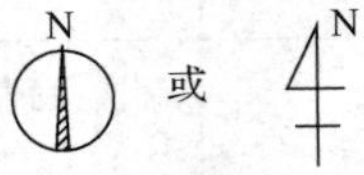	1. 画法：图中指北针摆放位置首选图纸的右上方，次选图纸的左上方。 2. N 代表北极方向。
5-61	室内走线架	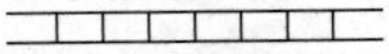	
5-62	室内走线槽道		明槽道：实线。暗槽道：虚线

5.5.3　架空杆路

序号	名称	图例	说明
5-63	木电杆	h/p_m	h：杆高（单位：米），主体电杆不标注杆高，只标注主体以外的杆高。p_m：电杆的编号（每隔 5 根电杆标注一次）
5-64	圆水泥电杆	h/p_m	h：杆高（单位：米），主体电杆不标注杆高，只标注主体以外的杆高。p_m：电杆的编号（每隔 5 根电杆标注一次）
5-65	单接木电杆	$A+B/p_m$	A：单接杆的上节（大圆）杆高（单位：米）。B：单接杆的下节（小圆）杆高（单位：米）。p_m：电杆的编号
5-66	品接木电杆	$A+B×2/p_m$	A：品接杆的上节（大圆）杆高（单位：米）。$B×2$：品接杆的下节（小圆）杆高（单位：米），2 代表双接腿。p_m：电杆的编号
5-67	H 型木电杆	h/p_m	h：H 杆的杆高（单位：米）。p_m：电杆的编号
5-68	杆面形式图	$\left[\dfrac{a}{b-c}\right]$ P_a　P_b	1. 画法：画图方向为从杆号 P_a 面向 P_b 的方向画图。2. 小圆为吊线。3. 大圆为光缆。4. a 为吊线程式。5. b 为光缆型号，c 为光缆容量。6. $P_a \sim P_b$ 为该杆面形式杆号段
5-69	木撑杆	h	h：撑杆的杆高（长度）
5-70	电杆引上	ϕ_m　L	ϕ_m：引上钢管的外直径（单位：毫米）。L：引出点至引上杆的直埋部分段长（单位：米）
5-71	墙壁引上	墙壁　ϕ_m　L	ϕ_m：引上钢管的外直径（单位：毫米）。L：引出点至引上杆的直埋部分段长（单位：米）
5-72	电杆直埋式地线（避雷针）		
5-73	电杆延伸式地线（避雷针）		
5-74	电杆拉线式地线（避雷针）		
5-75	吊线接地	吊线　p_m　$m×n$	画法：画于线路路由的电杆旁，接在吊线上。p_m：电杆编号。m：接地体材料种类及程式。n：接地体个数。
5-76	木电杆放电间隙		

续表

序号	名称	图例	说明
5-77	电杆装放电器		
5-78	保护地线		
5-79	电杆移位（木电杆）	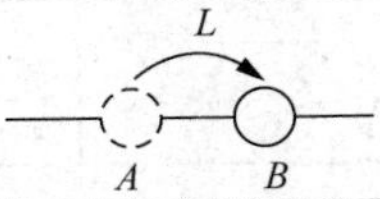	1. 电杆从 A 点移至 B 点。 2. L：电杆移动距离（单位：米）
5-80	电杆移位 （圆水泥电杆）	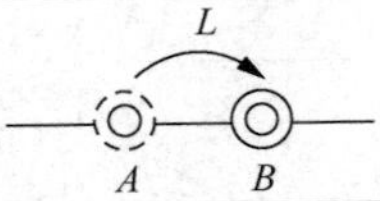	1. 电杆从 A 点移至 B 点。 2. L：电杆移动距离（单位：米）
5-81	电杆更换	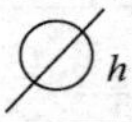 h	h：更换后电杆的杆高（单位：米）
5-82	电杆拆除	 h	h：拆除电杆的杆高（单位：米）
5-83	电杆分水桩	 h	h：分水杆的杆高（单位：米）
5-84	电杆围桩保护	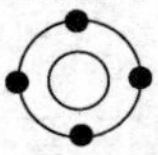	在河道内打桩
5-85	电杆石笼子		与电杆围桩的画法统一
5-86	电杆水泥护墩		与电杆围桩的画法统一
5-87	单方拉线	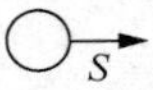 S	S：拉线程式。多数拉线程式一致时，可以通过设计说明介绍，图中只标注个别的拉线程式
5-88	单方双拉线 （平行拉线）	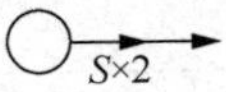 $S{\times}2$	2：两条拉线一上一下，相互平行。 S：拉线程式
5-89	单方双拉线 （V 型拉线）	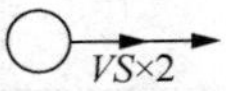 $VS{\times}2$	$V{\times}2$：两条拉线一上一下，呈 V 型，共用一个地锚。S：拉线程式
5-90	高桩拉线	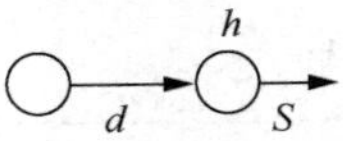 d h S	h：高桩拉线杆的杆高（单位：米）。 d：正拉线的长度，即高桩拉线杆至拉线杆的距离（单位：米）。 S：付拉线的拉线程式
5-91	Y 型拉线 （八字拉线）	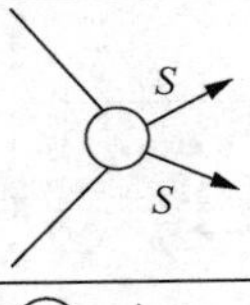 S S	S：拉线程式
5-92	吊板拉线	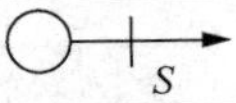 S	S：拉线程式
5-93	电杆横木或卡盘		

续表

序号	名称	图例	说明
5-94	电杆双横木		
5-95	横木或卡盘（终端杆）		横木或卡盘：放置在电杆杆根的受力点处
5-96	横木或卡盘（角杆）		横木或卡盘：放置在电杆杆根的受力点处
5-97	横木或卡盘（跨路）		横木或卡盘：放置在电杆杆根的受力点处
5-98	横木或卡盘（长杆挡）	L 长杆挡	横木或卡盘：放置在电杆杆根的受力点处
5-99	单接木杆（跨跃）	$A+B$ $B+A$	A：单接杆的上节（大圆）杆高（单位：米）。 B：单接杆的下节（小圆）杆高（单位：米）
5-100	单接木杆（坡地）	$B+A$	A：单接杆的上节（大圆）杆高（单位：米）。 B：单接杆的下节（小圆）杆高（单位：米）
5-101	单接木杆（角杆）	$B+A$	A：单接杆的上节（大圆）杆高（单位：米）。 B：单接杆的下节（小圆）杆高（单位：米）
5-102	电杆护桩	p_m K	K：护桩的规格程式（单位：毫米和米）。 p_m：电杆的编号
5-103	电杆帮桩	p_m K	K：帮桩的规格程式（单位：毫米和米）。 p_m：电杆的编号
5-104	打桩单杆（单接杆）	B/p_m	B：打桩单接杆的下节（小圆）杆高（单位：米）。 p_m：电杆的编号
5-105	打桩双杆（品接杆）	$B \times 2/p_m$	B：打桩品接杆的下节（小圆）杆高（单位：米）。p_m：电杆的编号
5-106	防风拉线（对拉）	S S	S：防风拉线的拉线程式

续表

序号	名称	图例	说明
5-107	防凌拉线（四方拉）		S：防凌拉线的"侧向拉线"程式（7/2.2 钢绞线）。m：防凌拉线的"顺向拉线"程式（7/3.0 钢绞线）

5.5.4　民用建筑线路

序号	名称	图例	说明
5-108	光、电转换器	O/E	O：光信号。E：电信号
5-109	电、光转换器	E/O	O：光信号。E：电信号
5-110	光中继器		
5-111	墙壁综合箱（明挂式）		
5-112	墙壁综合箱（壁嵌式）		
5-113	过路盒（明挂式）		
5-114	过路盒（壁嵌式）		
5-115	ONU 设备	ONU	ONU：光网络单元
5-116	ODF 设备	ODF	ODF：光纤配线架
5-117	OLT 设备	OLT	OLT：光线路终端
5-118	光分路器		n：分光路数
5-119	家居配线箱	P	
5-120	室内线路（暗管）（细管单缆）		A、B 为分段标注的起始点。L：A、B 两点之间暗管的段长（单位：米），应按 A-B 方向分段标注。ϕ_m：暗管的直径（单位：毫米）。a、b：线缆的型号及容量
5-121	室内线路（明管）（细管单缆）		A、B 为分段标注的起始点。L：A、B 两点之间明管的段长（单位：米），应按 A-B 方向分段标注。ϕ_m：明管的直径（单位：毫米）。a、b：线缆的型号及容量

续表

序号	名称	图例	说明
5-122	室内槽盒线路（槽盒）（大槽多缆）	A　L　B 室内墙壁　$\left[\dfrac{A \times B}{ab}\right]$	A、B 为分段标注的起始点。 L：A、B 两点之间槽盒的段长（单位：米），应按 A-B 方向分段标注。 $A \times B$：槽盒的高与宽（单位：毫米）。 a、b：线缆的型号及容量。
5-123	室内钉固线路	A　L　B 室内墙壁　线缆　$[ab]$	A、B 为分段标注的起始点。 L：A、B 两点之间钉固线缆的段长（单位：米），应按 A-B 方向分段标注。 a、b：线缆的型号及容量

5.5.5　配线架

序号	名称	图例	说明
5-124	光纤总配线架	$\dfrac{H}{OMDF}$ $\overline{V}$	OMDF：光纤总配线架。 H：设备侧横板端子板。 V：线路侧立板端子板
5-125	光分路器箱	$m:n$	m：配线光缆芯数。 n：分光路数
5-126	光分纤箱	$m:n$	m：配线光缆芯数。 n：引入光缆条数

5.6　　　　　　　　　　　通信管道

序号	名称	图例	说明
6-1	通信管道	——— / ———	1. A、B：两人（手）孔或管道预埋端头的位置，应分段标注。L：管道段长（单位：米）。 2. 图形线宽、线形：原有为 0.35mm，实线；新设为 1mm，实线；规划预留为 0.75mm，虚线。 3. 拆除：在"原有"图形上打"×"，叉线线宽为 0.70mm
6-2	人孔		1. 此图形不确定井型，泛指通信人孔。 2. 图形线宽、线形：原有为 0.35mm，实线；新设为 0.75mm，实线；规划预留为 0.75mm，虚线。 3. 拆除：在"原有"图形上打"×"，叉线线宽为 0.70mm
6-3	直通型人孔		1. 图形线宽、线形：原有：0.35mm，实线；新设为 0.75mm，实线；规划预留为 0.75mm，虚线。 2. 拆除：在"原有"图形上打"×"，叉线线宽为 0.70mm。
6-4	斜型人孔		1. 如有长端，则长端方向图形加长。 2. 图形线宽、线形：原有为 0.35mm，实线；新设为 0.75mm，实线；规划预留为 0.75mm，虚线。 3. 拆除：在"原有"图形上打"×"，叉线线宽为 0.70mm

序号	名称	图例	说明
6-5	三通型人孔		1. 三通型人孔的长端方向图形加长。 2. 图形线宽、线形：原有为 0.35mm，实线；新设为 0.75mm，实线；规划预留为 0.75mm，虚线。 3. 拆除：在"原有"图形上打"×"，叉线线宽为 0.70mm
6-6	四通型人孔		1. 四通型人孔的长端方向图形加长。 2. 图形线宽、线形：原有为 0.35mm，实线；新设为 0.75mm，实线；规划预留为 0.75mm，虚线。 3. 拆除：在"原有"图形上打"×"，叉线线宽为 0.70mm
6-7	捌弯型人孔		1. 图形线宽、线形：原有为 0.35mm，实线；新设为 0.75mm，实线；规划预留为 0.75mm，虚线。 2. 拆除：在"原有"图形上打"×"，叉线线宽为 0.70mm
6-8	局前人孔		1. 八字朝主管道出局方向。 2. 图形线宽、线形：原有为 0.35mm，实线；新设为 0.75mm，实线；规划预留为 0.75mm，虚线。 3. 拆除：在"原有"图形上打"×"，叉线线宽为 0.70mm
6-9	手孔		1. 图形线宽、线形：原有为 0.35mm，实线；新设为 0.75mm，实线；规划预留为 0.75mm，虚线。 2. 拆除：在"原有"图形上打"×"，叉线线宽为 0.70mm
6-10	超小型手孔		同上
6-11	埋式手孔		同上
6-12	顶管内敷设管道		1. 长方形框体表示顶管范围，管道由顶管内通过，管道外加设保护套管也可用此图例。 2. 图形线宽：原有为 0.35mm；新设为 0.75mm
6-13	定向钻敷设管道		1. 长方形虚线框体表示定向钻孔洞范围，管道由孔洞内通过。 2. 图形线宽：原有为 0.35mm；新设为 0.75mm

5.7　　　　　　　　　　　　无线通信

5.7.1　移动通信

序号	名称	图例	说明
7-1	手机		可标示所有功能机及智能机

续表

序号	名称	图例	说明
7-2	一体化基站	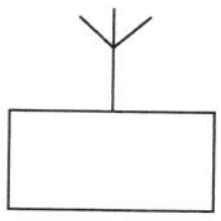	可标示移动通信系统中一体化基站，含宏基站及小基站。 可在图形内或图形旁加注文字来表示不同的基站类型，例如 BS 表示 GSM 及 CDMA 系统基站，NodeB 表示 UMTS 系统基站，eNodeB 表示 LTE 系统基站。 可在图形内或图形旁加注文字符号来表示不同系统及工作频段，例如 GSM900MHz、CDMA、TD-SCDMA、TD-LTE2600MHz
7-3	室内平面图用一体化小基站	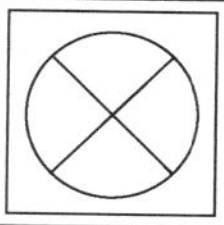	可标示绘制于室内平面图中的各种一体化小基站（含有源天线），例如，各种有源天线、Smallcell 的不同形态、内置天线的各种微型 RRU
7-4	分布式基站	 BBU	可在图形内加注文字符号来表示分布式基站的不同节点设备，例如 BBU 表示基带处理单元，RRU 表示射频处理单元，rHUB 表示无线路由器。 可在图形内或图形旁加注文字符号来表示不同系统，例如 GSM.TD-SCDMA、WCDMA、CDMA
7-5	室外全向天线	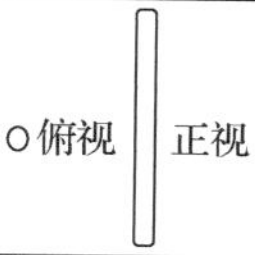 ○俯视　正视	可在图形旁加注文字符号来表示不同类型，例如 Tx 表示发信天线、Rx 表示收信天线、Tx/Rx 表示收发共用天线
7-6	定向板状天线	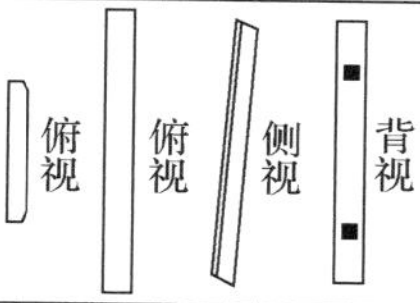 俯视　俯视　侧视　背视	可标示各种板状天线，如双极化板状定向天线、隐蔽型小板状天线等。可在图形旁加注文字符号来表示不同类型，例如 Tx 表示发信天线，Rx 表示收信天线，Tx/Rx 表示收发共用天线
7-7	八木天线	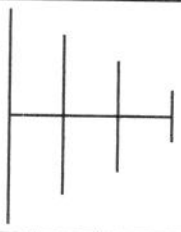	
7-8	对数周期天线	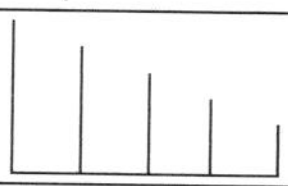	
7-9	单极化全向吸顶天线	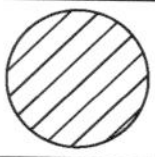	
7-10	双极化全向吸顶天线	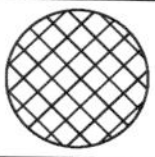	
7-11	单极化定向吸顶天线	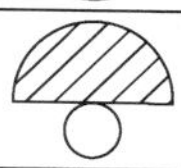	
7-12	双极化定向吸顶天线	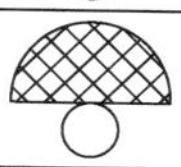	
7-13	抛物面天线	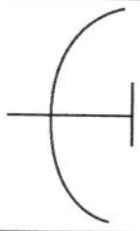	

序号	名称	图例	说明
7-14	角反射天线	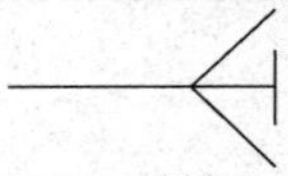	
7-15	GPS 天线	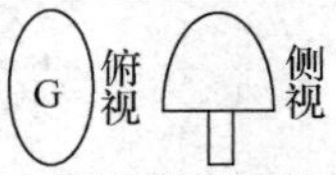 G 俯视　侧视	
7-16	1/2"跳线	 ··················	
7-17	1/2"馈线	 ———————	可在图形旁加注文字符号来表示不同类型，例如超柔 1/2"馈线
7-18	7/8"馈线	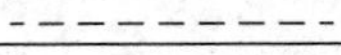 – – – – – – –	
7-19	泄漏电缆	 —×——×	
7-20	二功分器	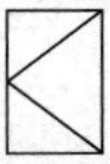	
7-21	三功分器	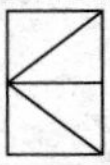	
7-22	四功分器	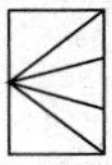	
7-23	二合路器	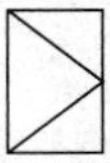	
7-24	三合路器	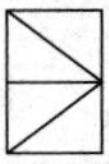	
7-25	四合路器	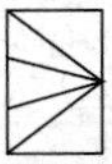	
7-26	耦合器	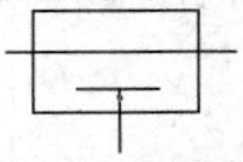	
7-27	干线放大器	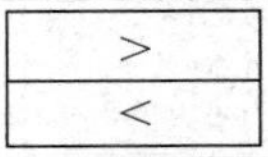 > <	
7-28	负载	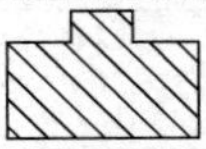	
7-29	电桥	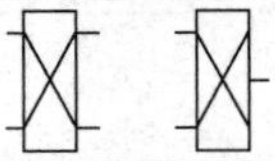	左图为无内置负载的图例，右图为内置负载的图例
7-30	衰减器	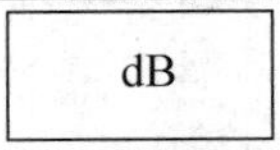 dB	
7-31	可调衰减器	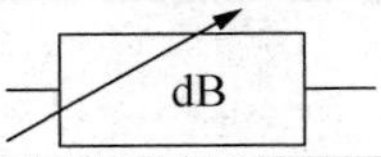 dB	
7-32	传感器	 感	传感器包括温度、湿度、光感、声音、烟等类型的传感器。左图为烟传感器标注示例

5.7.2 微波通信与无线接入

序号	名称	图例	说明
7-33	点对多点汇接站	CS	
7-34	点对多点微波站		可在图形内加注文字符号来表示不同种类，例如，BS 表示点对多点微波中心站；RS 表示点对多点微波中继站
7-35	点对多点用户站	SS	
7-36	微波通信中继站		本图例也可标示无线直放站
7-37	微波通信分路站		
7-38	微波通信终端站		
7-39	无源接力站的一般符号		
7-40	空间站的一般符号		
7-41	有源空间站		
7-42	无源空间站		
7-43	跟踪空间站的地球站		

续表

序号	名称	图例	说明
7-44	卫星通信地球站		
7-45	甚小卫星通信地球站	VSAT	
7-46	无线局域网的接入点	平面图用AP　系统图用AP（与蜂窝系统合路方式　系统图用AP（独立布放方式）	

5.8　核心网

序号	名称	图例	说明
8-1	TDM 交换网元		例如，ISC 表示国际交换局；TS 表示固网长途局；TM 表示固网汇接局；TMSC 表示移动网汇接局；GW 表示关口局（互联互通）；MSC 表示移动网端局；IS 表示固网端局
8-2	接入层网元		例如，AGW 表示接入网关；IAD 表示综合接入设备；ONU 表示光网络单元；OLT 表示光线路终端；DSLAM 表示数字用户线接入复用器；Modem 表示调制解调设备
8-3	控制层网元		例如，SS 表示软交换机；MSC Server 表示移动网络软交换服务器；CSCF 表示呼叫会话控制功能单元；MGCF 表示媒体网关控制功能单元；BGCF 表示出口网关控制功能单元；MME 表示移动管理单元；MRFC 表示多媒体资源控制器；PCRF 表示策略与计费规则功能单元
8-4	承载层网元		例如，TG 表示中继网关；MGW 表示媒体网关；TMGW 表示汇接媒体网关；MRFP 表示多媒体资源处理器；S-GW 表示服务网关；P-GW 表示分组数据网网关
8-5	信令网元		例如，ISTP 表示国际信令转接点；HSTP 表示高级信令转接点；LSTP 表示低级信令转接点；SG 表示信令网关；DRA 表示路由代理节点
8-6	用户数据网元		例如，HLR 表示归属位置寄存器；AAA 表示认证授权及计费服务器；HSS 表示归属用户服务器

续表

序号	名称	图例	说明
8-7	边界网元		例如，BAC 表示边缘接入控制网关；SEG 表示安全网关
8-8	业务层网元		例如，SCP 表示（智能网）业务控制节点；MMTel Server 表示多媒体电话业务服务器；SMSC 表示短消息服务中心
8-9	移动分组域网元		例如，PDSN 表示分组业务数据节点；GGSN 表示 GPRS 业务支持网关；SGSN 表示 GPRS 服务支持节点

注：图形周边可以加注文字符号来表示不同的设备的等级、容量、用途、规模及局号等，说明列为例子。

5.9　　　　　　　　　　　　数据网络

序号	名称	图例	说明
9-1	路由器		例如，CR/BR/P 表示核心路由器/汇聚路由器/骨干路由器；PE/SR 表示边缘路由器/业务路由器；CE 表示用户边缘路由器；MSE/BAS 表示多业务边缘路由器/宽带接入服务器
9-2	交换机		例如，LANSwitch 表示以太网交换机
9-3	防火墙		例如，Firew all 表示防火墙
9-4	入侵检测/入侵保护		例如，IPS 表示入侵防御系统；IDS 表示入侵检测系统
9-5	负载均衡器		例如，Load Balancer 表示负载均衡器
9-6	异步传输模式设备（ATM）		例如，ATM Switch 表示异步传输模式/ATM 交换机
9-7	网络云		例如，Backbone Network 表示骨干网；Access Network 表示接入网；Data Center 表示数据中心

注：图形周边可以加注文字符号来表示不同的设备的等级、容量、用途、规模及局号等，说明列为例子。

5.10 业务网、信息化系统

序号	名称	图例	说明
10-1	服务器		例如，X86 表示 PC 服务器；blade 表示刀片服务器
10-2	磁盘阵列		例如，NAS 表示网络接入存储；IP-SAN 表示 IP 网络存储；FC-SAN 表示光纤网络存储；DAS 表示直连存储
10-3	光纤交换机		
10-4	磁带库		
10-5	PC/工作站/终端		
10-6	排队机		

注：图形周边可以加注文字符号来表示不同的设备的等级、容量、用途、规模及局号等，说明列为例子。

5.11 通信电源

序号	名称	图例	序号	名称	图例	说明
11-1	发电站的一般符号		11-2	变电站/配电所的一般符号		
11-3	断路器功能		11-4	隔离开关（隔离器）功能		
11-5	负荷隔离开关功能		11-6	动合（常开）触点的一般符号/开关的一般符号		
11-7	动断（常闭）触点		11-8	断路器		
11-9	隔离开关/隔离器		11-10	负荷隔离开关		
11-11	中间断开的转换触点		11-12	双向隔离开关/双向隔离器		

续表

序号	名称	图例	序号	名称	图例	说明
11-13	自动转换开关（ATS）		11-14	熔断器的一般符号		
11-15	熔断器开关		11-16	熔断器式隔离开关/熔断器式隔离器		
11-17	熔断器负荷开关组合器		11-18	手动开关的一般符号		
11-19	机械联锁		11-20	三角形连接的三相绕组		
11-21	星形连接的三相绕组		11-22	中性点引出的星形连接的三相绕组		
11-23	电抗器的一般符号		11-24	电感器		
11-25	双绕组变压器一般符号		11-26	自耦变压器一般符号		
11-27	单相感应调压器		11-28	三相感应调压器		
11-29	电流互感器/脉冲变压器		11-30	星形-三角形连接的三相变压器		
11-31	单相自耦变压器		11-32	电流互感器		有两个铁心，每个铁心有一个次级绕组
11-33	交流发电机		11-34	直流发电机		
11-35	二极管的一般符号		11-36	稳压器	VR	

序号	名称	图例	序号	名称	图例	说明
11-37	桥式全波整流器		11-38	整流器/开关电源		
11-39	逆变器		11-40	UPS	UPS	
11-41	直流-直流变换器		11-42	蓄电池/原电池或蓄电池组/直流电源功能的一般符号		
11-43	太阳能/光电发生器	G	11-44	电源监控	*	符号内的星号可用下列字母代替： SC——监控中心； SS——区域监控中心； SU——监控单元； SM——监控模块
11-45	接地的一般符号		11-46	功能性接地		
11-47	保护接地		11-48	避雷针	●	
11-49	火花间隙		11-50	避雷器		
11-51	电阻器的一般符号		11-52	可调电阻器		
11-53	压敏电阻器（变阻器）	U	11-54	带分流和分压端子的电阻器		
11-55	电容器的一般符号		11-56	极性电容器	+	
11-57	直流		11-58	交流		
11-59	中性	N	11-60	保护（保护线）	P	
11-61	正极性	+	11-62	负极性	—	
11-63	中性线		11-64	保护线		
11-65	保护线和中性线共用线		11-67	指示仪表	*	符号内的星号可用下列字母代替： V——电压表；A——电流表；var——无功功率表；cosϕ——功率因数表；ϕ——相位表；Hz——频率表
11-66	具有中性线和保护线的三相线路		11-68	积算仪表	*	符号内的星号可用下列字母代替： H——小时计；Ah——安培小时计；Wh——电度表（瓦时计）；varh——无功电度表

5.12 　　　　　　　　　　　　　　**机房建筑及设施**

5.12.1　机房建筑及设施

序号	名称	图例	说明
12-1	外墙		
12-2	内墙		
12-3	可见检查孔		
12-4	不可见检查孔		
12-5	方型孔洞		左为穿墙孔，右为地板孔
12-6	圆形孔洞		
12-7	方型坑槽		
12-8	圆形坑槽		
12-9	墙顶留洞		尺寸标注可采用（宽×高）或直径形式
12-10	墙顶留槽		尺寸标注可采用（宽×高×深）形式
12-11	空门洞		左侧为外墙，右侧为内墙
12-12	单扇门		左侧为外墙，右侧为内墙
12-13	双扇门		同12-12，考虑增加内墙形式
12-14	对开折叠门		同12-12，考虑增加内墙形式
12-15	推拉门		
12-16	墙外单扇推拉门		
12-17	墙外双扇推拉门		
12-18	墙中单扇推拉门		同12-12，考虑增加内墙形式

序号	名称	图例	说明
12-19	墙中双扇推拉门		同 12-12，考虑增加内墙形式
12-20	单扇双面弹簧门		同 12-12，考虑增加内墙形式
12-21	双扇双面弹簧门		同 12-12，考虑增加内墙形式
12-22	转门		
12-23	单层固定窗		增加单层固定窗，原图形符号改为双层固定窗
12-24	双层固定窗		
12-25	双层内外开平开窗		
12-26	推拉窗		
12-27	百叶窗		
12-28	电梯		
12-29	隔断		包括玻璃、金属、石膏板等
12-30	栏杆		
12-31	楼梯		
12-32	房柱	或	可依据实际尺寸及形状绘制，根据需要可选用空心或实心
12-33	折断线		不需画全的断开线
12-34	波浪线		不需画全的断开线

续表

序号	名称	图例	说明
12-35	标高	室内 室外	
12-36	竖井		或弱电机房
12-37	机房		

5.12.2　机房配线与电气照明

序号	名称	图例	序号	名称	图例
12-38	向上配线		12-39	向下配线	
12-40	垂直通过配线		12-41	盒（箱）的一般符号	
12-42	用户端供电输入设备示出带配电		12-43	配线中心示出五路馈线	
12-44	连续盒接线盒		12-45	动力配电箱	
12-46	照明配电箱		12-47	应急电源配电箱	
12-48	双电源切换箱		12-49	明装单相二极插座	
12-50	明装单相三极插座		12-51	明装三相四极插座	

序号	名称	图例	序号	名称	图例
12-52	暗装单相二极插座		12-53	暗装单相三极插座	
12-54	暗装单相三极防爆插座		12-55	暗装三相四极插座	
12-56	电信插座一般符号		12-57	墙壁开关的一般符号	
12-58	墙壁明装单极开关		12-59	墙壁暗装单极开关	
12-60	墙壁密封（防水）单极开关		12-61	墙壁防爆单极开关	
12-62	暗装双极开关		12-63	暗装三极开关	
12-64	单极拉线开关		12-65	单极双控拉线开关	
12-66	单极限时开关		12-67	单极双控开关	
12-68	灯的一般符号		12-69	示出配线的照明引出线位置	
12-70	在墙上的照明引出线（示出配线向左方）		12-71	单管荧光灯	
12-72	双管荧光灯		12-73	三管荧光灯	

续表

序 号	名 称	图 例	序 号	名 称	图 例
12-74	防爆荧光灯		12-75	密封防爆灯	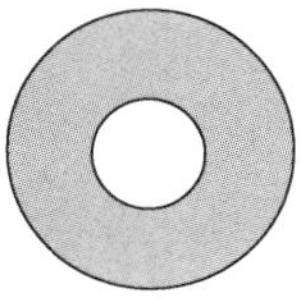
12-76	在专用配电回路上的应急照明灯	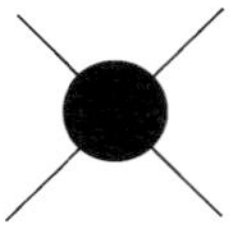	12-77	自带电源的应急照明灯（应急灯）	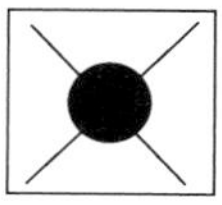
12-78	壁灯	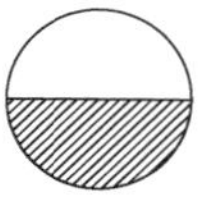	12-79	天棚灯	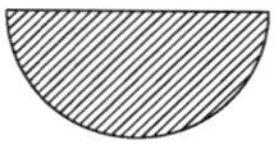
12-80	泛光灯	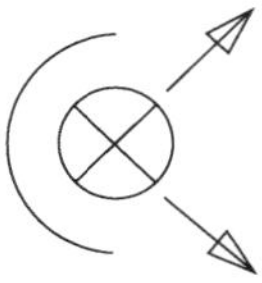	12-81	射灯	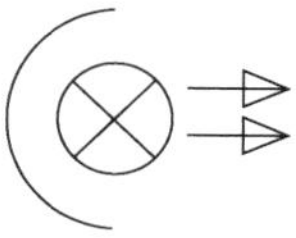
12-82	安全出口灯	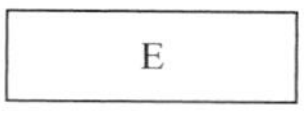 E	12-83	疏散指示灯	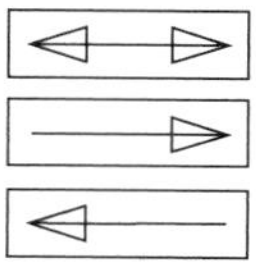
12-84	弯灯	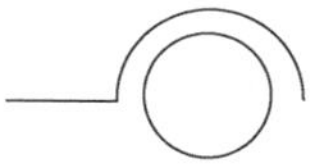	12-85	防水防尘灯	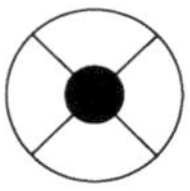

5.13　　　　　　　　　　　地形图常用符号

序 号	名 称	图 例	序 号	名 称	图 例
13-1	房屋	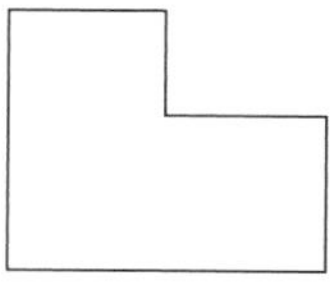	13-2	在建房屋	 建
13-3	破环房屋		13-4	窑洞	
13-5	蒙古包	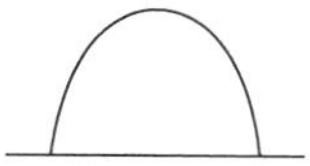	13-6	悬空通廊	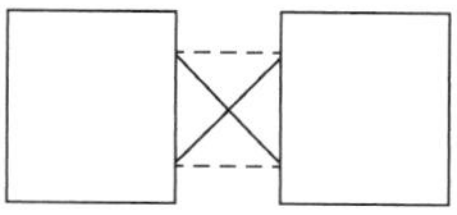

序号	名称	图例	序号	名称	图例
13-7	建筑物下通道		13-8	台阶	
13-9	围墙		13-10	围墙大门	
13-11	长城及砖石城堡（小比例）		13-12	长城及砖石城堡（大比例）	
13-13	栅栏、栏杆		13-14	篱笆	
13-15	铁丝网		13-16	矿井	
13-17	盐井		13-18	油井	油
13-19	露天采掘场	石	13-20	塔形建筑物	
13-21	水塔		13-22	油库	
13-23	粮仓		13-24	打谷场（球场）	谷（球）
13-25	饲养场（温室、花房）	牲（温室、花房）	13-26	高于地面的水池	水　水
13-27	低于地面的水池	水	13-28	有盖的水池	水

续表

序号	名称	图例	序号	名称	图例
13-29	肥气池		13-30	雷达站、卫星地面接收站	
13-31	体育场	体育场	13-32	游泳池	泳
13-33	喷水池		13-34	假山石	
13-35	岗亭、岗楼		13-36	电视发射塔	TV
13-37	纪念碑		13-38	碑、柱、墩	
13-39	亭		13-40	钟楼、鼓楼、城楼	
13-41	宝塔、经塔		13-42	烽火台	烽
13-43	庙宇		13-44	教堂	
13-45	清真寺		13-46	过街天桥	
13-47	过街地道		13-48	地下建筑物的地表入口	

序号	名称	图例	序号	名称	图例
13-49	窑		13-50	独立大坟	
13-51	群坟、散坟		13-52	一般铁路	
13-53	电气化铁路		13-54	电车轨道	
13-55	地道及天桥		13-56	铁路信号灯	
13-57	高速公路及收费站	收费站	13-58	一般公路	
13-59	建设中的公路		13-60	大车路、机耕路	
13-61	乡村小路		13-62	高架路	
13-63	涵洞		13-64	隧道、路堑与路堤	
13-65	铁路桥		13-66	公路桥	
13-67	人行桥		13-68	铁索桥	
13-69	漫水路面		13-70	顺岸式固定码头	码头

续表

序号	名称	图例	序号	名称	图例
13-71	堤坝式固定码头	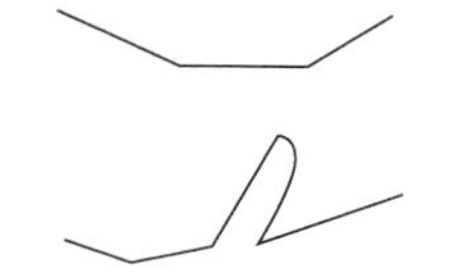	13-72	浮码头	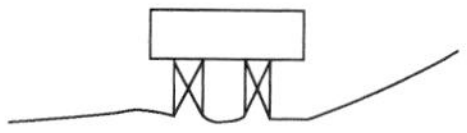
13-73	架空输电线（可标注电压）	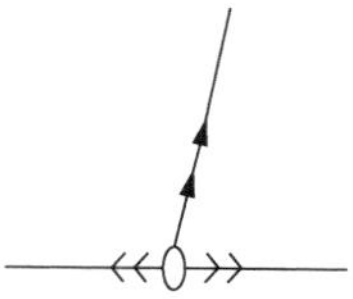	13-74	埋式输电线	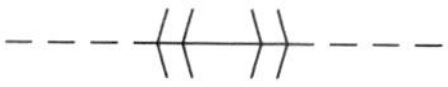
13-75	电线架	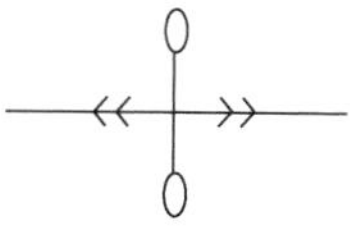	13-76	电线塔	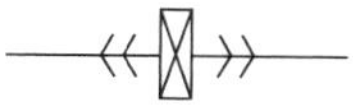
13-77	电线上的变压器	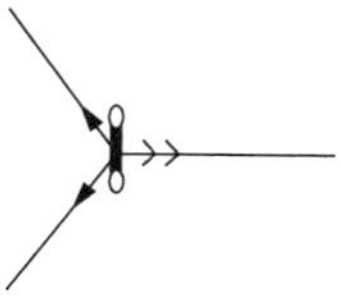	13-78	有墩架的架空管道（图示为热力管道）	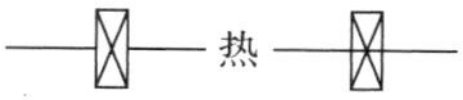 热
13-79	常年河	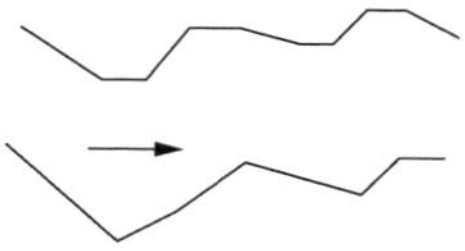	13-80	时令河	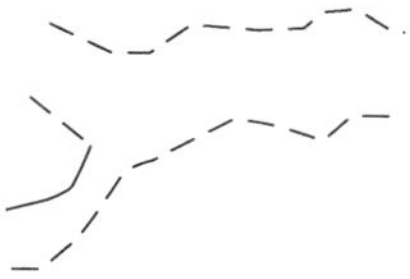
13-81	消失河段	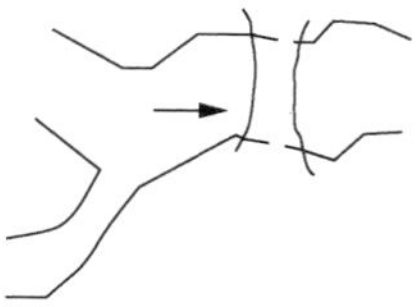	13-82	常年湖	 青湖
13-83	时令湖		13-84	池塘	
13-85	单层堤沟渠	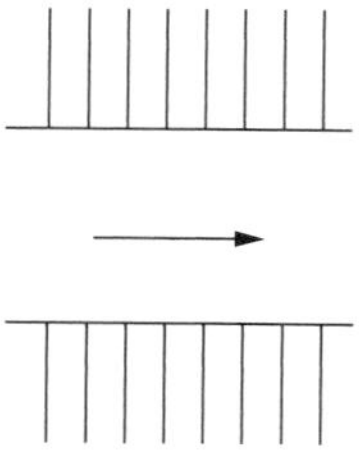	13-86	双层堤沟渠	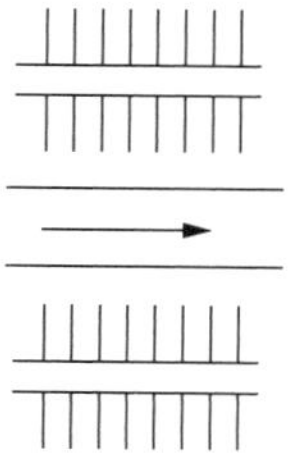
13-87	有沟堑的沟渠	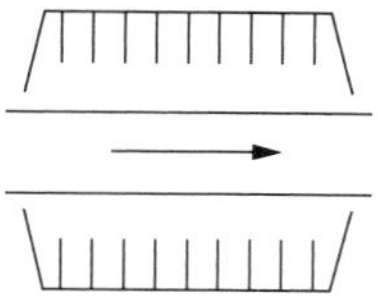	13-88	水井	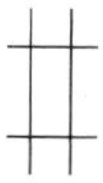

序号	名称	图例	序号	名称	图例
13-89	坎儿井	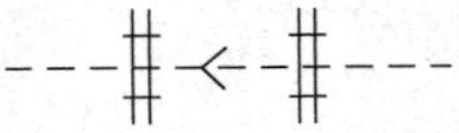	13-90	国界	
13-91	省、自治区、直辖市界		13-92	地区、自治州、盟、地级市界	
13-93	县、自治县、旗、县级市界		13-94	乡镇界	
13-95	坎	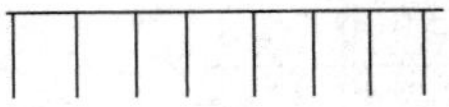	13-96	山洞、溶洞	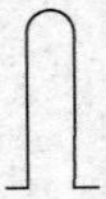
13-97	独立石		13-98	石群、石块地	
13-99	沙地	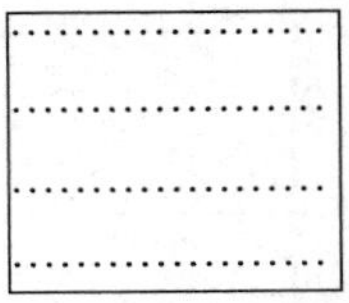	13-100	沙砾土、戈壁滩	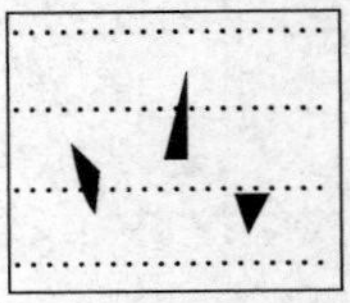
13-101	盐碱地		13-102	能通行的沼泽	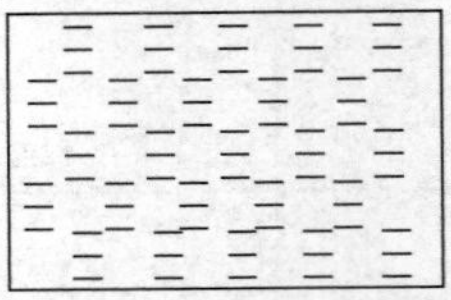
13-103	不能通行的沼泽	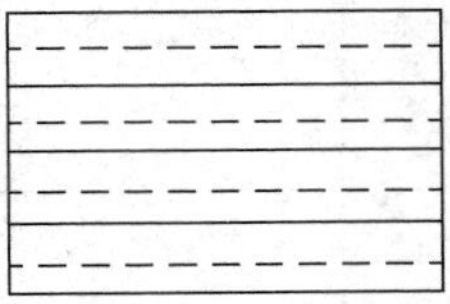	13-104	稻田	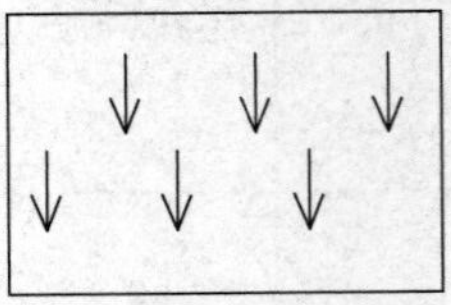
13-105	旱地	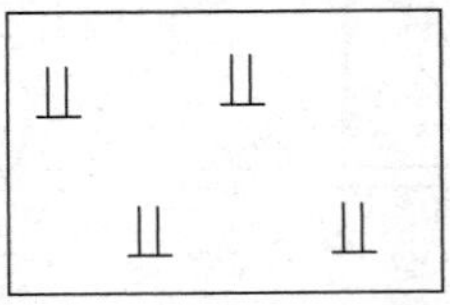	13-106	水生经济作物（图示为菱）	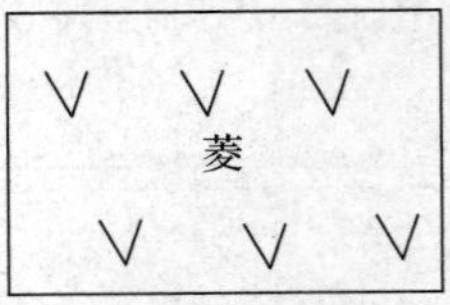
13-107	菜地	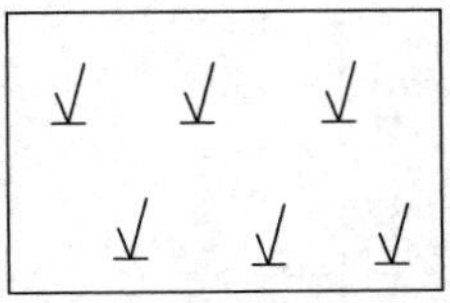	13-108	果园	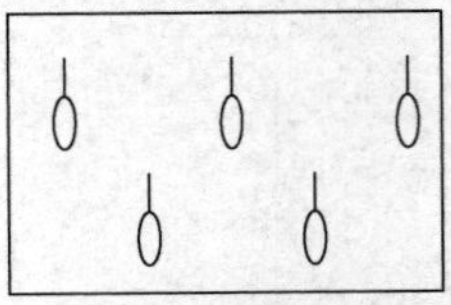
13-109	桑园	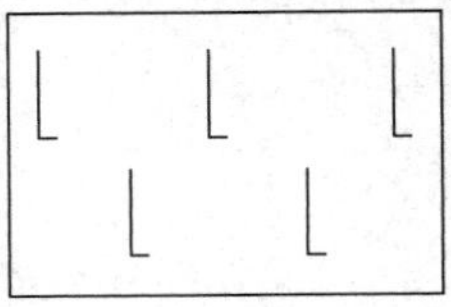	13-110	茶园	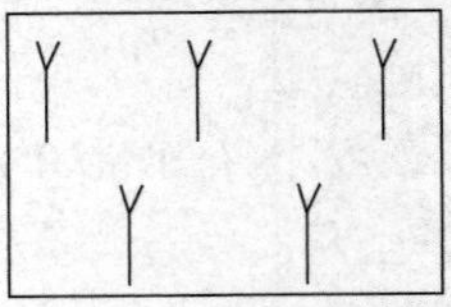

序号	名称	图例	序号	名称	图例
13-111	橡胶园		13-112	林地	松
13-113	灌木林		13-114	行树	
13-115	阔叶独立树		13-116	针叶独立树	
13-117	果树独立树		13-118	棕榈、椰子树	
13-119	竹林		13-120	天然草地	
13-121	人工草地		13-122	芦苇地	
13-123	花圃		13-124	苗圃	苗

参考文献

[1] 于正永，张悦，华山. 通信工程制图及实训微课版）[M]. 3 版. 大连：大连理工大学出版社，2017.

[2] YD/T 5015—2015. 通信工程制图与图形符号规定[S]. 中华人民共和国工业和信息化部.

[3] 吴远华. 通信工程制图与概预算[M]. 北京：人民邮电出版社，2014.

[4] 黄艳华，冯友谊. 现代通信工程制图与概预算[M]. 北京：电子工业出版社，2021.